FANTASY & SCI-FI DIGITAL ART
ImagineFX
PRESENTS

HOW TO DRAW AND PAINT

電玩遊戲設計

Welcome...

一款電玩遊戲的創作往往長達數年，並且會有數以百計的人為它的最終面貌和如何操作而孜孜不倦地工作著。然而，只有為數很少、極富創作才能的藝術家才能決定一款遊戲的風格。概念畫家們會為電玩遊戲的製作打下視覺基礎，設計其中的人物形象、作戰車輛及遊戲世界，並制訂遊戲中一切賴以運行的規則。這是一項極其重要和極富技巧的工作。

為了更好地洞悉概念畫家的工作，搞清自己如何能夠創作出符合專業標準的電玩遊戲圖畫，我們與業內一些最知名的藝術家展開了合作。他們通力協作創作了《秘境探險3》、《星際大戰：舊共和國》、《狂怒煉獄》、《異塵餘生：新維加斯》等很多熱門遊戲。

從第 30 頁開始的人物設計這章中，Naughty Dog 工作室的畫家馬切伊·庫恰拉（Maciej Kuciara）將展示如何設計融合多種藝術風格於一體的女英雄形象。第 48 頁中，Rocksteady 工作室的坎·馬菲迪科將揭示他如何為《蝙蝠俠：阿卡姆之城》重新塑造了一個 DC 漫畫式的反英雄式女小丑哈利·奎恩（Harley Quinn）的形象。在怪物設計部分，Blizzard 遊戲開發公司的盧克·曼奇尼將展示如何繪製《星海爭霸 2》中的蟲族形象（第 58 頁）。同時，還有專門介紹關於環境繪製和車輛設計等重要章節，其中就包括了朱峰讓人嘖嘖稱奇的作品（第 20 頁）。我們的"直播項目"欄目中的一切都極有價值，來自 Leading Light 設計公司的藝術家們將向我們展示其精湛的繪畫技藝如何呈現在遊戲宣傳推廣和產品設計中。

如果你喜歡本書，何不嘗試一下本系列讀物的其他主題？請翻閱第 25 頁，將會有更多選擇！

Claire

編輯 克萊爾·豪利特（Claire Howlett）
claire@imaginefx.com

From the makers of
FANTASY & SCI-FI DIGITAL ART
ImagineFX

ImagineFX 是唯一的一本科幻數位藝術專用雜誌。本刊的宗旨是幫助藝術家提高傳統繪畫和數位繪畫的技能，登錄 www. imaginefx.com 驚喜更多！

FANTASY & SCI-FI DIGITAL ART ImagineFX 目錄 Contents

全球頂級畫家為你提供最佳創作指導，與你分享他們精湛的創作
技法，為你的電玩遊戲圖畫創作帶來靈感。

創作示範

來自職業畫家的 18 個圖解式
實用繪畫指導

The Gallery
藝術畫廊

104 藝術家問 & 答

圓滿解決真實世界的描繪問題……

附贈超值光碟

設計草圖與示範影片將幫助你的學習……

創作示範影片
該創作示範影片中囊括了馬切伊·庫恰拉(Maciej Kuciara)、盧克·曼奇尼(LukeMancini)、凱文·陳(KevinChen)等多位一流概念畫家的精彩案例,請看這些畫家的現場操作,並汲取他們的寶貴經驗。

文件資源
充分利用畫家贈送圖層分明的高解析度 PSD 文件,來尋找自己的創作靈感吧。

自定義畫筆
利用畫家贈送的自己自定義的筆刷,來提高你的繪畫技法。

ImagineFX
電玩遊戲設計

包含4小時示範影片,分層源文件和自定義畫筆

藝術畫廊

讓大型電玩遊戲的職業畫家用創意激發你的創作靈感

Kekai Kotaki

出生於夏威夷的凱克·科塔克（Kekai Kotaki）已在 ArenaNet 公司從事電玩遊戲創作長達 10 年之久。初入職場的 8 年中，他一直是一名貼圖師，而現在則是《激戰 2》的重要概念畫家。凱克的印象派藝術風格極易識別，他賦予了《激戰 2》很大的創作自由，目的就是要創造出 "我們認為很酷" 的世界。他說他的創作團隊起初並非想要改變人們對魔幻藝術的看法，"我們只是在嘗試尋找新的方式來表達構成魔幻題材的核心理念。我一直在嘗試將凸顯物體棱角分明的邊緣的繪畫風格融入我的作品，使各種形象看起來更酷，更富動感和情感。"

該遊戲的故事背景在第一次激戰之後的 250 年，因此我們有足夠的空間來進一步開發新遊戲中的世界面貌，但是也給自由想像帶來了新的挑戰。"挑戰與自由想像並存，最終我們完成了高水準的作品而不是一敗塗地"，凱克說。

凱克的藝術創作證明，如果你願意迎接挑戰的話，那麼在這個巨大的舞台上就有足夠大的空間來實現你的奇思妙想。

www.kekaiart.com

> **66** 現今對繪畫風格的限制已經大大降低，這使我們能夠探索並將一些史詩般的場景融入遊戲中。**99**

智慧語錄

"我認為遊戲就是設計與英雄鬥爭的怪物和與怪物鬥爭的英雄，在遊戲中任何人都可以成為英雄，更重要的是，任何人都應該認為自己就是遊戲中的英雄。"

Sean A Murray

作為 Todd McFarlane's Big Huge Games/38 Studios 遊戲公司的重要概念畫家，肖恩·阿·默裡（Sean A Murray）由於為《大地王國：罪與罰》設計了一個全新的魔幻世界而讓人無比羨慕。他說，"我們的目標是要呈現出一個充滿魔力和神秘色彩的魔幻世界，這個世界要與純粹的現實世界相反。"

在這幾頁中，他的作品表現的是一個豐富多彩、標新立異的世界，它將略帶一絲"西部早期"色彩的元素和經典的魔幻元素有機融合，這一點從遊戲中 Detrye 礦區的位置概念圖中可見一斑。

肖恩擁有非常豐富的繪畫經驗，他將傳統技法和數位技術相結合，先創作出細節分明的鉛筆素描畫後再將其掃描入 Photoshop 中，比如他對《罪與罰》中 Adessa 高塔的繪製。肖恩説："這是種功能性更強的概念畫，它展示的是如何將各種模塊拼接組合成獨一無二的 Gnome 高塔。"

然而，先前創作的 Bolgan 叢林卻是肖恩在總結《罪與罰》中的繪畫作品時非常看重的。"這是我為該遊戲所創作最早的畫作之一，"Sean 説道，"我覺得它的確為我們想要的視覺效果奠定了色板和怪物設計原理的基礎。"

sketchsam.blogspot.com

> **這並非魔幻宇宙的典型場景，我們想在其中融入一些早期西部的元素。**

智慧語錄

"最成功的概念畫家是那些重視溝通和故事表達方式的人，而非優先考慮圖畫創作的人。"

Alessandro Taini

亞歷山德羅·泰尼（Alessandro Taini）為，英國的遊戲開發商 Ninja Theory 效力 8 年，現在擔任 BAFTA 這家曾榮獲英國電影和電視藝術學院獎的畫室的視覺藝術總監。亞歷山德羅的概念畫具有非常獨特的繪畫風格，他所創作的女性人物，尤其是 2010 年的《幻想：西遊記》中的崔普（Trip），都是光鮮亮麗且能力超群的女英雄。

如同《天劍》中的 Nariko 等其他的女英雄一樣，崔普是一個頭髮火紅、精緻漂亮且極富頭腦的女主角。

當 Ninja Theory 被選中來重塑 Capcom 系列的《惡魔獵人》時，亞歷山德羅開始為這款暢銷的日本電玩遊戲創作概念畫。亞歷山德羅充分利用自己的義大利傳統，為該遊戲創作出了讓人刮目相看的具有文藝復興色彩的畫作。"透過這個形象我想表達但丁（Dante）的人格魅力，"亞歷山德羅解釋說，"一個世上無人關心的年輕反抗者。"

www.talexiart.com

> 66 該作品表現的是《幻想西遊記》中眾多形象中的一個，其目的就是為了詮釋她在遊戲之外的背景信息。99

Bradley Wright

作為 Starbreeze 公司概念畫家團隊中的一員，布蘭得利·賴特（Bradley Wright）對於電玩遊戲《極道梟雄》的復刻可以說是一項激動人心的挑戰。他解釋說：「這款遊戲，以及它獨特的風格，都是任何概念畫家都希望實現的夢想。」

布蘭得利復刻該遊戲的方法是回歸 1993 版的《極道梟雄》，並從中抽取整個復刻過程所要保留的關鍵要素和視覺標誌。「我們在遊戲製作過程中可以堅持的傳統元素，都是極其重要的設計特色與設計原理。」

對於這樣一款充斥著科幻色彩的黑色未來、高空飛行的汽車和靈光閃閃的高塔的遊戲，布蘭得利出人意料地說他喜歡為這款遊戲中的世界設計的具體細節。

「我追求挑戰如何把椅子變得耳目一新而饒有興趣，」布蘭得利說道，「把像椅子一樣簡單的東西從概念變成模型再變成遊戲道具要花很多時間，因此你希望它最終看上去美輪美奐。」

當遊戲世界的這些元素慢慢滲透進你的潛意識並開始構成更為宏大而連貫的畫面時，整個團隊便可以用此來講述一個故事了。布蘭得利指出，「Starbreeze 在創作故事驅動的遊戲方面歷史悠久，這些遊戲的人物和氛圍都層次分明、思想深刻。概念畫的創作，還有遊戲設計，都豐富了這種理念。我們試圖用獨具匠心的構想和作品來推動和發掘這種思想的深刻性。」

bradleywright.wordpress.com

智慧語錄

"理解 3D 如何製作的非常重要，這將有助於我快速地獲得更為細緻的概念，並使我能夠更好地與其他專業人員，如造型師和設計師等相互融合。"

**❝ 在團隊協作的環境下，能自由地站出
來指出這個行或者不行的感覺真好。❞**

Joe Madureira

喬·馬德雷拉（Joe Madureira）在 16 歲時就加入了 Marvel 漫畫公司，從此進入了連環漫畫圖書出版業。在 Marvel 享有包括創作《神奇 X 戰警》在內的各種榮譽，並發行了自己的系列漫畫《戰神》之後，喬結束了漫畫創作生涯並開始潛心研究電玩遊戲。

在 NCSoft 公司結束了短暫的工作之後，他辭職成立了 Vigil 網游公司，並為自己的《末世騎士》系列遊戲設計了異彩紛呈的背景。之後的續集《末世騎士 2》重點突出了全新偶像式的反英雄死亡（Death）。

儘管喬擔任了《末世騎士 2》的編演，但他仍然騰出時間創作了該遊戲的主要角色。"我們想讓死亡比戰爭（War）更加機智靈活，讓他的動作更加迅速，戰鬥更加機智，"喬這樣說道。"因此，他的武器必須更加小巧輕便，而且他的盔甲也要更少。所有這一切都始於繪畫創作。這些設計成竹在胸之後，我開始考慮自己希望死亡表達甚麼樣的'態度'。"

喬·馬德式的風格——一部分表現西方式滑稽效果，一部分表現日本式漫畫效果——非常適合電玩遊戲設計。儘管喬是和一個畫家團隊合作來將他的構思貫穿於遊戲世界的，但這位漫畫奇才的特質卻被清楚地呈現了出來。

那麼他 16 年的創作生涯所形成的自我風格是怎樣理解這款新遊戲的呢？"這正是我夢寐以求的那種遊戲，我決不介意為它付出努力，"Joe 說到。

vigilgames.com

> 死亡比戰爭更加好鬥，更加令人生畏，並且對統治天堂與地獄的法規沒有絲毫的敬畏之心。

智慧語錄

"你總會有進步的空間，也總有人會做得比你更好，因此，不要停止學習。我想，這就是我所獲得的最寶貴的經驗。"

Kan Muftic

> 66 我基本上是從畫下腦中所有浮現的東西開始,希望能從中創作出某種讓人興奮的好東西。99

智慧語錄

"考慮遊戲中的人物設計比考慮繪畫優劣更為重要。在繪畫創作時對該人物在遊戲中的角色瞭然於心大有裨益,因為它將幫助你賦予該人物獨特的個性。"

再現遊戲中的偶像人物及其所處的環境是電玩概念畫家面臨的最大挑戰之一。

創作獲獎作品《蝙蝠俠:阿卡姆之城》就意味著要重新塑造世界上最受歡迎的漫畫人物之一的臉孔。

畫家坎·馬菲迪科(Kan Muftic)選取遊戲中的環境來作為概念畫家團隊的創作焦點以求為該遊戲設計一種全新的面貌。阿卡姆之城的每個區域都要獨具特色同時還要能契合統一的遊戲世界,這個遊戲世界囊括了從哥德式和維多利亞式建築到玻璃製品與鐵製品的新藝術裝飾,藉以創造層次分明的風格以凸顯阿卡姆之城的演變。

阿卡姆之城的博物館是他非常值得驕傲的設計。他說,"我從該遊戲創作之初就推崇這個概念。"

但這絕非簡單的美學設計實踐課,"遊戲的玩法是主宰一切的王道,"他如此評價道。他的話是指要確保自己的遊戲設計必須與遊戲腳本作者的創作方向和遊戲設計師的理念相符。

"我花了很長時間與團隊討論、商議或提出建議。遊戲製作絕不僅僅是繪畫創作。"

最終的結果是,同類型中最優秀的一款遊戲誕生了——一場既好玩又好看的視覺盛宴。

kanmuftic.blogspot.com

Patryk Olejniczak

作 為 BioWare 公司營銷部新任概念畫家，帕特里克・奧雷尼扎克（Patryk Olejniczak）的工作讓人十分羨慕，他將《質量效應3》中的全部人物形象都塑造得栩栩如生。帕特里克十分注重每個人物的姿勢、表情和背景，以便能表達出該人物的故事內容。他這樣說道：「在整個過程中，我都將創作引人入勝而又恰到好處的人物姿勢的重要性牢記在心，這可以激發觀眾探索畫作背後的『故事』。」

「我經常用了了數筆來勾勒出人物的輪廓。在創作中，我喜歡隨意使用照片和紋理直至我滿意為止，」他以此來解釋自己是如何使用遊戲截圖為光線效果和色調提供參考的。

帕特里克坦言：「我千方百計地使它們表現得淋漓盡致，然而在某些地方我也進行了微調。」他這樣解釋扎伊德（Zaeed）的防護手套和其他遊戲人物的防護手套形狀不同的原因。

帕特里克使用不同的混合模式和減淡工具來創作出具有現實主義的、憂鬱沈思的人物形象。對細節的研究尤其對渲染莫汀（Mordin）的盔甲很有幫助。他說，「很有必要對發亮的材料進行恰當的研究並小心使用，儘管這是挑戰，但它卻使我對這種風格信心倍增，這種風格極富現實主義美感。」

garrettartlair.blogspot.com

> 66 儘管構思各異，原因多樣，但每個人物形象都令我同樣興奮。99

智慧語錄

"將創作引人入勝而又恰到好處的人物姿勢的重要性牢記在心，這可以激發觀眾探索畫作背後的『故事』。"

車輛設計

為電玩遊戲設計令人興奮的車輛

創作
示範影片
見光碟

> **我發現一幅畫中出現的問題經常可以成為另一幅畫的解決方案。**
> 朱峰，第20頁

朱峰

朱峰作為一位世界一流的概念畫家，曾效力於電玩遊戲產業的多家知名開發商和出版商，包括Sony、Ubisoft、NCsoft、Epic Games 和 EA studios。

學會同時創作兩幅作品中獲得啟發。
請翻開第20頁

創作示範

遊戲車輛的創作技法

為遊戲設計坦克和飛機的技巧·第16頁

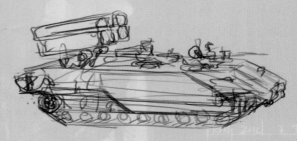

Photoshop & SketchUp

電玩遊戲科幻車輛設計

Massive Black 繪圖工作室的 肯普·雷米拉德 將為你揭示如何將一個概念
由草圖創作成電玩遊戲……

為 電玩遊戲設計車輛似乎是一項讓人生畏的工作。對於這項工作，概念畫家們會面臨從"我們不知該設計甚麼——為我們展示點絕妙的東西"到"我們有 20 項要求必須呈現於該概念中——而且要把它畫得很酷"的設計挑戰。在此，我將回顧一下為電玩遊戲設計科幻車輛時自己的一些決定和方法。

整個過程其實就是研究、規劃、實驗、佈局和繪圖的臨時搭配——所有這一切都必須符合客戶需求以確保本概念符合遊戲引擎、故事情節和美學理念的需要。儘管概念畫家們有很多方法可用，然而做點研究、規劃和創新使得電玩遊戲的車輛設計工作繞有興趣是非常值得的。這項工作可以使科幻車輛呈現出千奇百怪的形狀，在本次的創作指導中，我將集中介紹我最喜歡的一種特殊風格——不遠的將來。我對軍事技術和空間技術、時事政治、歷史事件和社會政治過往感到著迷。

這些讓人感興趣的東西就是我每天試圖注入創造性概念設計中去的元素。作為一種基本原則，我覺得我越是能使虛構的東西變得真實，我的概念設計和最終的構圖就會越好。

對於該遊戲中的兩輛運載工具，我將擔任藝術總監和概念畫家。簡單描述該概念所要滿足的標準之後，我將圍繞該標準設計車輛。在此過程中，我將展示如何使用 Photoshop 和 SketchUp 透過幾次重復來設計出不遠的將來中功能完備的科幻車輛，並能夠將其投入到科幻遊戲的製作過程。希望你能喜歡！

Artist 藝術家簡歷

肯普·雷米拉德
（Kemp Remillard）

国籍：美国

肯普是舊金山 Massive Black 繪圖工作室的概念畫家。肯普曾為一些包括 THQ、Hasbro、Sega、Nintendo 以及 NCsoft 在內的高端客戶設計過車輛、提供過概念。
www.kempart.com

光碟資料

你所需文件見光碟中的肯普·雷米拉德文件夾。

1 瞭解客戶設計綱要與遊戲背景

為遊戲設計概念車輛的第一步是要重溫客戶設計綱要，並弄清該車輛所處的遊戲世界的背景，其目的是為了虛構未來大約 20 年或許會出現的軍用裝備。鑒於此，我首先開始研究未來可能發生的軍事行動。另外，我要深入研究飛機的隱形技術，以及甚麼樣的設計概念適用於真實的陸地裝甲車，這種研究和所獲信息對於最終設計成果都非常重要。

Shortcuts
【快捷鍵】
合併拷貝+粘貼
Cmd/Ctrl+Shift+C,
然後Cmd/Ctrl+V
可複製所有可見圖層
並粘貼。

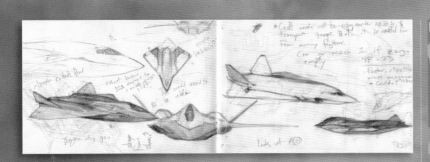

技法解密

儲存選取區

在繪製飛機插圖時,可以在 Photoshop 中為飛機的內外設計都設置儲存選擇區。這樣,你就可以始終保持最佳狀態,並能在兩個區域製作快速繪圖遮罩。

③ 勾勒粗略圖

現在我準備開始用紙或 Photoshop 來勾勒飛機的粗略圖了。根據客戶及其綱要的要求,第一輪構圖可以簡單快捷或稍微精細。這個階段我喜歡快速勾勒俯視圖以快速獲取輪廓,不過,也可以使用四分之三側視來表現更多細節。通常,一旦做出選擇,接下來我就開始用 SketchUp 繪製飛機模型,但是過後有必要進行更多的修改。

② 參考圖片

搜集優秀的參考圖片對一項好的設計來說相當重要。推薦一個可以大量獲取全球各種飛機圖片的優秀網站 www.militaryphotos.net。如果你想弄懂飛機的構造,那就請花些時間瀏覽這些圖片並仔細研究一下它們的特點和細節特徵。然後盡最大可能去搞清飛機不同部件的功能。此處展示的是一架值得推薦的帶隱身性能垂直起降運輸機的草圖。我們參考了如 F-22 和 F-35 那樣真實的噴射機,這兩架飛機大概同屬於一家製造商的同一系列。就我的設計而言,我想當一回書呆子,把我的飛機命名為 MV-35 和 MV-36。M 代表多種使命,V 代表垂直起降能力。在設計隱身飛機時將其上部設計成拱形的一個考量是要確保設計圖中的任何一個角度都不會與雷達的入射角度垂直——換句話說,每個部件都必須呈向後飛馳狀或呈鑽石型以反射雷達。而坦克設計則較粗略地參照了現代車型如獵豹 2 或挑戰者 2。

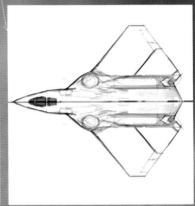

④ 圖畫潤色

修改對於電玩遊戲創作來說是必須的過程,經常是整個團隊的畫家共同策劃一件具體武器的式樣。我最初的垂直起降飛機設計方案在外形和構造上有點不切實際。於是經過更仔細的研究後,我又重新將其放回畫板並完成了更符合實際的設計。然而,我仍不能在兩個方案之間做出決斷,於是我作為藝術總監決定同時完成兩件設計,目的僅僅是想對每一個設計完成後的可能樣式有個印象。 ▶▶

5 用 SketchUp 創作模型草圖

我發現要想創作一件客戶可明白無誤的產品，3D 技術的使用是必不可少的。SketchUp 是一款功能強大、易於操作的軟件，可以用來繪製簡單或複雜的車輛模型。一旦你熟悉軟體並開始繪製模型，你就能夠裝配大批量的零組件來快速為你的車輛增加細節和妙處。不過，務必要做到改變零組件的形狀，以便設計出獨一無二的作品。

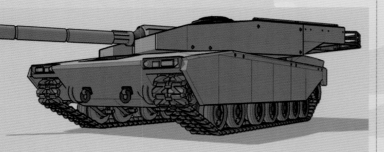

6 留取模型影像

應用 3D 技術進行設計的另一個重要附加功能就是你能夠轉動模型並找到呈現概念的最佳角度。如果時間充裕，我喜歡對其進行多角度截圖用以收藏和回顧，因為找到最佳的影像效果對未來的設計關係重大。

7 功能設計

所有這些概念的目標是要將真實世界的典型特徵融入到魔幻設計中。對於 MV-35 和 MV-36 來說，我們考慮的是要有可用的貨運空間及用於垂直起降的前置引擎的安放位置。新式 F-35 在引擎排氣管處有起降時能夠下指的特殊噴嘴，於是我也將此融入到了 MV-35 的設計中。還有，櫥櫃門式的控制板被置於駕駛艙附近的垂直起降升力風扇上方。這些門將在起飛和著陸時打開，而在飛行中關閉以保持飛機的空氣動力外形，比如起落架的設計就是如此。升力風扇門的這種安排的另一效果是使飛機機部附近呈現喇叭形。為你的設計添加一些巧妙的人性化設置使其更具個性，這永遠沒有壞處。

技法解密

運用 3D 幾何構圖創建原型

對於車輛和技術設計，讓人難以置信的是，運用 3D 幾何構圖來創建自己的原型將使你受益匪淺。幾何圖形越細緻，你花的時間就越少，因為每個細節在每幅圖畫中都得到了重復。如果模型中沒有特定的細節，你就需要在 Photoshop 中進行添加。使用 Photoshop 還可以添加槍栓和扣件並在設計過程中進行拖移複製

8 美學設計

為電玩遊戲設計任何武器裝備的底線是它必須外形很酷（有人或許說應該是更富有挑釁性，但是這個詞不能用來形容所有東西！）無論如何，它必須非常性感，尤其是飛機設計更應如此。儘管我十分注重其結構和工藝，但我依然努力使我的設計造型優美、生動有趣，清晰的線條和有趣的角度是作為娛樂業藝術家的共同追求。

使武器裝備易於操作和外觀時尚是設計的根本宗旨，因為如果你的設計缺少其中任何一方面，它都不會被用於遊戲之中。最終，遊戲以及其中的一切元素，都是為了取悅於人。費些時日構想甚麼外形算酷甚麼不算和設計過程本身一樣也是概念畫家工作中同等重要的組成部分。

9 正交視圖

這是完成設計的武器裝備作為模型或模板送交 3D 畫家前的最後環節。每個工作室對視圖的要求略有不同，但總體看來是越多越好。你的俯視圖傳遞的信息越多，你的客戶就越能明白你的車輛外觀的設計意圖。正交模式有時可以作為概念構思過程的事後之舉而被忽略。我傾向於將其視為車輛組裝之前的最後模板繪製階段。

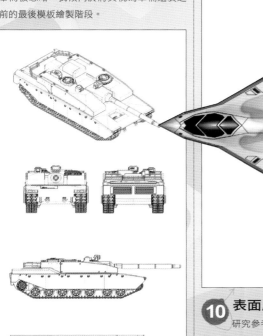

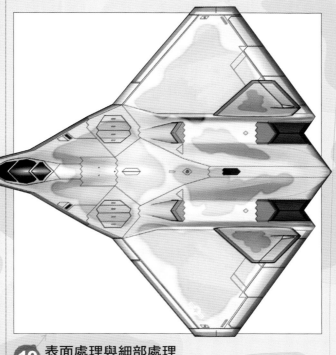

11 確定最終插圖

一旦全套概念設計獲得批准，我喜歡為設計車輛在遊戲環境中可能的樣式準備插圖。這對於我要推銷自己的設計理念及使遊戲技術人員對我的設計在遊戲中的完美程度獲得一個感性認識來說是同等重要的。我希望我的坦克具有實戰背景，於是我利用自定義畫筆描繪出了幾隻煙柱和朦朧的地平線，之後便利用免稅版圖片來勾勒地面飛機。

照片紋理是為你的圖像增加真實感的絕佳手段，一旦背景確定，就要對背景和坦克的所有明暗度數值進行調整。遊戲中所有元素的明暗度應和諧統一以表示它們共處同一場所，這就意味着，必須確保圖像在陰影處不能太過暗淡，而在光亮處不能太過凸顯。

我最得意之處就是用自定義畫筆描繪出塵土飛揚和戰爭殘破的景象。一旦塵土畫好便要設定其明暗度，通常要利用正常模式圖層和完全不透明畫筆來清除其邊緣，並利用高光和背光來突出清理區域，最後進行貼花和光線設置。若某處不夠完美，要重新修改直至滿意。●

10 表面處理與細部處理

研究參考機型後，我發現隱形戰機最棒的特色之一就是所有金屬外殼之間非常精密而複雜的分割組合方式。我所繪製的金屬外殼的分割方式或許無法吸引工程師的目光，但它已經非常接近實物所以顯得十分逼真。對於 MV-35 和 MV-36 兩種飛機來說，正交視圖組裝時，其控制板的製作、飛機圖案的設計和色彩方案的確定都是以 SketchUp 的底灰色調為基礎在 Photoshop 中完成的。

示範畫筆介紹

PHOTOSHOP

自定義畫筆：CHISLROK
筆尖形狀
直徑：20px
圓度：100%
間距：25%
雙面筆
模式：疊加
畫筆：紋理岩石
直徑：17px
間距：25%
擴散：0%
數量：1
其他動態
不透明度抖動：筆壓力
流量抖動：關

我喜歡用該畫筆來為坦克的外殼添加粗糙而髒亂的紋理。其形狀呈長條矩形，用它可很好地繪製出在空間內逐漸變得模糊的坦克紋理表面。

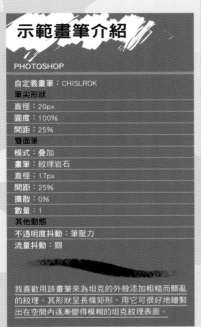

Photoshop

同時創作多幅圖畫

將各種不同的概念設計方案融為一體可能會在實際創作中帶來很多的問題。《星際大戰 3》的概念畫家 朱峰 將展示同時繪製多幅圖畫是如何解決這些問題的……

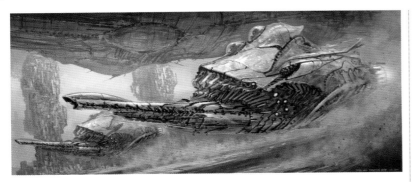

藝術家簡歷

朱峰
国籍：美国

朱峰曾與盧·貝松(Luc Besson)、史蒂芬·史匹柏（Steven Spielberg）以及詹姆斯·卡麥隆 James Cameron 等知名人士共事過。而現在他成功地經營著自己的畫室──朱峰設計公司。

fengzhudesign.com

光碟資料

 你所需文件見光碟中的朱峰文件夾。

兩個總比一個強──這是我的創作示範的主題。無論我是為客戶創作、教學示範還是自己進行素描或繪畫，我總是要同時創作一系列圖片而非一張。通常，我要對所有圖畫同時進行創作，因此我將為該示範同時創作兩張造型設計圖畫。我發現這樣做的好處頗多。

第一，透過同時創作多張圖畫，我的大腦和雙眼能保持高度興奮。每當我對一張圖片感到厭卷時，我便轉向另一張。因此，無論創作過程要持續多久，這種方法總能使我的工作變得樂趣無窮。

第二,透過在兩張圖畫之間交替穿梭,我可以更容易地發現問題。這一點和暫停工作放鬆一小時的效果異曲同工,每次圖畫交替,我都會以全新的眼光去看待它們。

第三,我可以在短時間內創造出更多的成果。只創作一張圖畫直至其完工的做法在我這個行業中是很危險的,因為事實上沒有任何精確的方法來衡量你的全部製作進度。客戶極少只要求創作一幅圖畫,他們總是希望在最短的時間內看到盡可能多的構想。因此,透過同時創作多幅圖畫,我可以大致上計算出

我全部創作的平均時間長度。

第四,同時創作多張圖畫其實就是創作一個圖畫系列。在設計師的文件夾中,那些契合某個主題明確的項目的素描和繪畫看起來給人印象更深。這呈現了你採用設計語言來解決潛在設計問題的能力。

第五,迫使自己同時創作多幅圖畫可使我不至於太過嚴謹。如果我有一整套的圖畫要完成的話,我就不可能在不必要的細節上太過投入或浪費時間。

第六,同時創作多張圖畫還有一種演進的效

果。比如,我可能會偶然勾勒出一個有趣的圖形或者發現一個潤色金屬紋理的絕佳方法,我會立即將該技術或設計用於其他的圖畫。

最後,這樣做本身就其樂無窮。如果能一次完成多幅圖畫我覺得更有成就感——使我更加信心百倍。這樣能使我保持高昂興致而不致心生厭倦。

好吧,現在開始真正的繪畫示範!

技法解密

建立圖畫保存系統

我總是習慣於在創作過程中保存 Photoshop 文件的多個版本。保存方式我從字母 a 開始。比如,fzd_imaginefx_demo_01a.PSD,01b.PSD,01c.PSD 等。我使用這樣的命名方式有兩個原因,其一,這樣使你能很方便地看到創作進度;其二,我進行多個備份以防其中一個文件夾損壞。

1 勾勒場景

我的繪畫 90% 始於粗糙的草圖,我發現匆忙作畫很難有所創新,尤其是在有設計限制時更是如此。這種情況下,我就設計兩種適用於我之前設計的宇宙(一顆有智慧蟲族的星球)的太空飛船和場景。同時,我也希望所設計的兩種場景能夠有對比的效果。於

是,第一張圖畫是外星人社會名流陸續抵達夜總會或者酒吧的場景。而第二幅(附圖如下)則是戰爭場面。第一艘飛船面朝右紋風不動,而第二艘則面朝左正在行駛。一個場景是夜晚,另一個場景是白天。最後,其中一艘飛船用於民用運輸而另一艘則純粹是軍用飛船。

這些彼此對照的主題全部與我之前提到的總主題息息相關。這些草圖無需非常精密嚴謹,但需要充分表達設計包的內容,同時確定良好的圖像效果以便於使用恰當的相機從恰當的角度進行拍攝。

描繪白天的沙漠戰鬥場景

與朱峰未來主義色彩濃厚的夜總會場景相伴而生的是他創作白天的蟲族戰鬥場景。兩者之間的最大差別在於對光線效果的考慮……

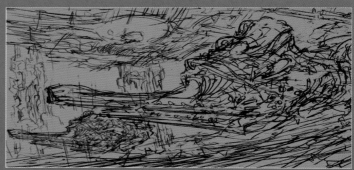

1 創作草圖

初始草圖不必精細,而是必須要表現作品的基調與主題。而這兩幅草圖的第二幅則與為主要場景的第一幅截然相反,第一幅設計背景為夜晚而且其光源為各種人造光源,因此第二幅將被描繪為白天,為此我要考慮使用自然光源。另外,由於第一幅突出了靜態主題,所以我想使這幅畫中的飛船處於飛行之中。如此一來,我便能夠從一副圖畫中汲取靈感用來創作第二幅。

2 勾勒場景明暗度

在這一階段,我只是粗略地勾勒出局部的明暗度和色彩,嘗試把握整體的色調、光線和氛圍。描線要在獨立的圖層上進行。這階段的解析度確定為適合寬屏電影的 5000x2128 像素。活動圖層只有兩個,一個是描線圖層,另一個是濃墨重彩的背景圖層。

3 確定光源

現在開始根據光源將局部和整體的明暗度進行區分。沒有很好的明暗度這些彩圖不夠清晰,因此該階段尚未完成的話就開始繪製細節毫無意義。俱樂部場景有幾處主要光源:俱樂部窗戶、地板、城市背景燈光、汽車前燈以及室內燈光。我想讓這一場景給人繁忙熱鬧之感,於是添加了多處光源。

4 尋找某種外形

主要明暗度被鎖定後,我啟動第一個通道著手處理外形的細節。此處的目標是要確定所有的重要外形。在該階段,描線被移除,我將全心地描繪一個圖層。

技法解密

Wacom 用戶小提示

我不會將 Wacom 的靈敏度用於不透明度設置,而是使用 1-9 的數字鍵來手動控制。你可以透過單擊 F5> 其他動態 > 不透明度抖動來設置其為"關"。要想設置自定義畫筆模式就請打開角度抖動(自定義畫筆對繪製紋理功能巨大)。單擊 F5> 外形動態 > 角度抖動。

5 製作鏡像

一旦所有的重要構型都已確定,接下來我便可以花幾小時的時間來對其外貌進行潤色。在第一幅圖畫上——夜總會場景——我已經將整個佈局做了鏡像。這是保持事物鮮活的另一方法,並且能夠幫助你發現透視和構圖的失誤。我常常直到繪圖接近尾聲時才確定圖像的定位。

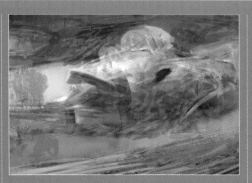

2 色彩處理

這一階段,草圖已經完成,我已對自己的構圖設計胸有成竹,即一個快速移動的戰鬥場景。現在開始對畫面的色調進行處理。我將線描畫置於它自己的圖層,然後建立顏色圖層備用。像之前一樣,我只用兩個圖層來繪製戰鬥場景。

3 確定光源

與凸顯無數光源的夜總會場景不同,我想讓戰鬥場景只擁有一個主要光源,該光源被確定為從右方射入的陽光。然而,沙漠地表正好充當一個很好的反射板,將飛船的底部暴露在柔和的光線之中。

4 確定外形

現在我將圖層減至一個,移除原始草圖之後,我就能全神貫注地創作軍用飛船的外形了。此處的目標是要完成構成飛船艦體的主要外形,我又重新參看了夜總會夜晚的場景,以參考我為民用飛船所做的設計。

6 增加圖像解析度

該為圖像進行細部特徵處理了。為了減少眼睛的疲勞感和像素筆的使用，我將像素倍增至 10000x4256。這樣的圖像尺寸會導致運行速度緩慢的 PC 機出現暫停，為了避免這種情況，我使用了一台配備 Intel Core i7-960 處理器和 12G 內存的 PC。在這樣的系統中，不會出現圖像或畫筆延遲的現象。我無法忍受電腦的緩慢不順，而且我相信這樣的人絕非我一個！

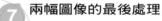

7 兩幅圖像的最後處理

接下來的兩個小時將用於對兩幅圖像添加細節，我習慣於在一幅畫上花費 20 分鐘，然後轉向另一幅，對兩個場景的彩繪共耗時總計 5 小時。第二幅圖像——戰鬥場景，主要光源單一，較容易噴塗。然而夜總會場景的著色卻有些麻煩，因為此處光源較多，使所有圖形略顯混亂，因此該場景大概佔用了 3 個小時噴塗才大功告成。

8 後記

我希望大家喜歡這次示範並從能從中觀察我的創作特點。像這樣一次創作多幅圖畫或許有些難以應付但同時也有獨到的好處：我發現一幅畫中出現的問題經常可以成為另一幅畫的解決方案。要想瞭解我的其他畫作，請登錄我的設計室網站。另外，我們在 Youtube 網站上還提供了很多免費影片指導（youtube.com/FZDSCHOOL）。祝大家愉快！

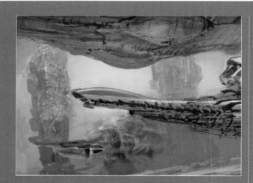

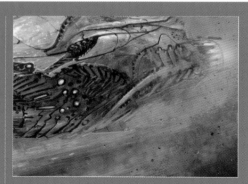

5 開始潤色處理

此時我開始隨心所欲地在背景部分和主要飛船的某些區域添加一些潤色成分。這種有點謹慎的處理方法能使我看清整個場景的全貌。我千方百計不使自己在一處耗時太多——這樣做的秘訣在於把握整幅圖畫的進展。

6 添加微妙細節

將圖片像素提高至 10000x4256 後，我開始對該場景添加一些細微細節使之變得栩栩如生。這包括使背景中的作戰飛船輪廓和從船艙上部看到的倒影變得更加清晰，還要潤色遠處巨大岩石結構的外觀。

7 沙塵描繪的難題

接下來的兩個小時要對兩幅圖畫進行細節處理。夜總會場景出現了些許問題，因為我沒有使用圖層，給第二幅圖畫添加沙塵痕跡才真的棘手。我知道，如果沙畫的亂七八糟將很難清除，於是我就利用不透明度僅為 10% 的畫筆慢慢描繪沙塵圖層。

Photoshop

為太空戰場著色

藝術家簡歷

萊恩・德寧
（Ryan Dening）

國籍：加拿大

萊恩畢業於 Sheridan 大學繪畫專業。畢業後萊恩就職於加拿大多倫多的 Forrec 主題公園設計公司，並為德國設計了樂高主題公園。目前擔任《星際大戰：舊共和國》的高級概念畫家。

www.deningart.com

光碟資料

你所需文件見光碟中的萊寧・德寧文件夾。

萊恩・德寧 透過構思並充分利用 Photoshop 的圖層技術繪製了一幅太空戰的場景。

 常，《星際大戰》中的太空都是漆黑一片卻又星斗滿天。沒有星雲，但外太空的小行星帶及環繞大行星的軌道上卻充滿惡戰。對於《星際大戰：舊共和國》來說，我們想更進一步使玩家的視覺體驗在各個太空使命中彼此迥異。我們開發過很多的設計理念，我正在嘗試的是

以一顆正在消亡的恆星中噴出的氣體雲團為背景，飛船正在該雲團內放置地雷，而你的使命是清除這些地雷並驅逐敵方飛船的場景。

我主要靠 Photoshop 進行圖層設置。首先是快速勾勒簡圖，而後處理最終圖像並保留多數圖層以便靈活處理。

我還要從為該遊戲創作的其他圖畫中選取一

部分。當時間緊張時這樣做尤其有用，但是如何使這些圖畫融合為一個整體卻是個不小的挑戰。我將使用調整圖層來使圖像暈映，從而創造出我想要的色階。

毀於爆炸的船體噴發出各種顏色奇異的氣體

陽表面閃電

飛船表面的近景

小行星

巨大船體的外殼

岩石碎片

船廠殘骸

2 太陽表面

首先繪出一片星空，並將太陽置於其中作為中心。對於太陽表面，首先創建近似於太陽尺寸的寬和高相等（正方形）的新文件。在我第二台電腦上我收集了一些真實太陽的圖片以備參考。首先要使用紋理畫筆在整幅圖畫上設置顏色，並使之接近實物色彩。當我對太陽表面顏色表示滿意時，便打開濾鏡 > 扭曲 > 球面化並設置為 100%。這樣使得紋理給人以被球體包圍的感覺。接下來打開標尺並上下拉動參考線來確定圖像的中心（打開對齊到參考線功能以易於操作），然後利用橢圓形選框工具，按 Alt+Shift 將其拖離中心，剪切並粘貼於星空。

1 嘗試各種設計理念

通常我的創作始於略圖勾勒，目的是任由創造性思維自然流淌，即使頭腦中已經有了清晰的構圖，但對其進一步的發揮經常也能帶來更好的理念。在此，我嘗試了幾種不同的設置與構圖。我喜歡將這些草圖畫得小巧、快捷而簡單，使我不至於對其太費心思。在我無法獲得很好的理念時，我便會放棄多媒體改用紙張或便簽本進行繪圖。

技法解密

圖層選擇

要想以圖層內容為基礎從圖層面板中進行選擇，可先按住 Ctrl 然後再單擊縮圖。要修改選擇項，按 shift+Alt 來添加，按 Ctrl+Alt 來撤銷，按 Shift+Ctrl+Alt 來疊加。如果你正在以當前圖層的像素繪畫並做出選擇，這樣將改變不透明度而使邊緣受到破壞，因此要使用圖層面板頂部附近的方格網按鈕鎖定圖層的透明度像素。要在圖層中進行這些操作，那就在上方建立新圖層並右擊選擇創建剪貼遮罩。

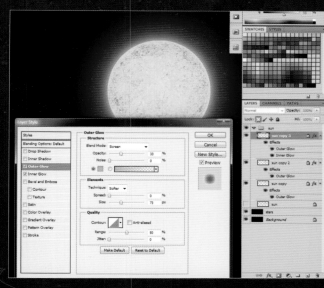

Shortcuts
【快捷鍵】
畫筆大小
【和】（PC & Mac）
在繪圖中可使用方括號鍵
來增減畫筆大小。

③ 圖層特效

為了使太陽內外都閃閃發光，使用圖層特效能達到這種效果。在圖層面板底部，我選擇效果下拉選單中的外發光。這樣會出現一個對話框供我設置大小、強度和顏色。將太陽圖層複製幾次以便更好地控制太陽光環的顏色，選用體積更大更暖的紅色光環用於底層，而頂層選用體積較小的黃色光環。這樣能給人以顏色變化過渡非常自然的感覺。然後將混合模式設置為線性減淡（Linear Dodge），並在頂層應用內發光以增加太陽內部的熱量。

④ 小行星帶

我使用自己製作的岩石畫筆來繪製小行星帶。使用該畫筆只需按下便能夠描出形狀各異的岩石。這些設置包括縮放、圓度、散布及前景／背景抖動。畫好基礎光環後，我使用鎖定透明度像素來鎖定圖層，然後用柔性畫筆描繪遠在太陽一邊的小岩石使之發亮。由於像素被鎖定，我不必擔心會丟失輪廓，而且也不會改變其邊緣的透明度。利用紋理圓畫筆粗略的勾勒出前景化岩石上的高光，使之給人背光感。由前到後的縮放變化，加上含蓄的光線，使整個場景看起來好像這些岩石正在繞太陽旋轉。

光碟

示範畫筆介紹

PHOTOSHOP

自定義畫筆：岩石畫筆

這種畫筆有很多的自定義設置，它能使我快速繪製小行星帶。其圓度設置恰似同時使用多種畫筆。

自定義畫筆：乾漆畫筆

我使用這種粗糙的畫筆為雲團添加清晰的強高光。它有點像乾畫筆，所以能用來快速創造出很多含蓄的細節。

自定義畫筆：耙子畫筆

如果你沒有這樣的畫筆，那就試試吧。刷毛會緊跟你筆劃方向。我使用了該畫筆，在繪製太陽紋理時，在繪製草圖時也非常省力。

自定義畫筆：方形粉筆劃筆

我在 Painter 中使用粉筆劃筆大量製作草圖，塗抹顏色。這種畫筆效仿的是 Photoshop 中的畫筆，它會緊跟你的筆劃方向。

⑤ 繪製雲層

我使用粗糙的紋理畫筆來提升雲層密布的中景景深。當靠近太陽時，我將畫筆收縮，然後複製該層並粘於太陽背後。為了獲得廣闊空間的感覺，我將複製層擴開拉伸，由於壓縮的緣故角度發生了變化，所以我將雲團旋轉以便與前景搭配。接下來，再複製並縮放這些圖層幾次，之後鎖定所有雲圖層並使用柔性噴筆為其著色，最後，使用塗抹工具來柔化紋理並賦予其動感。太陽前方的雲團似乎仍顯單調——它們需要輔以陰影。於是我複製雲圖層，選擇其內容，減少少許像素對其進行壓縮，並將其倒置（作為陰影），最後點擊刪除。我鎖定並以暗色來噴塗頂層，然後稍加移動壓縮直至它看起來逼真。

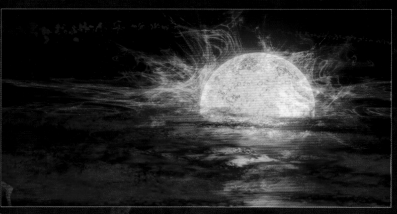

⑥ 太陽光束

在噴塗雲團時，我發現太陽看起來太像真實的太陽向外噴射氣體了。我將所有的太陽效果圖層予以合併，並利用色相／飽和度來調節其顏色使之接近紅色，並且我還將其稍微放大以適合整體佈局。至於光束，我粗略地畫了一些線條，然後使用濾鏡 > 液化工具來扭曲並向四周分散。很快這些線條便有了流動的感覺。接下來，我將圖層混合模式設置為線性減淡（Linear Dodge）並將其複製 - 變換幾次以凸顯太陽。這時，整幅圖片看起來真的呈現出了橙色／紅色。接著我又複製了一個圖層並將其色相調整為藍色以獲得在焊炬上才能看到的灼熱顏色。進而，我透過在單獨文件中添加彩色斑點並使用濾鏡 > 模糊 > 徑向模糊功能將其放大的方式來為太陽添加藍色噴焰。

⑦ 前景處理

為了創造一種在雲霧中飛行的感覺，我用粉筆刷在雲團粗糙的外形內塗抹顏色，確保它們像小行星帶一樣看起來給人背光照射的感覺。然後使用塗抹工具來扭曲其邊緣部分，複製、變換該圖層置於整幅圖畫中使觀眾有身臨其境之感。接著選取小行星的圖層內容並删除部分雲團，使小行星置身其中。同時，我又給小行星添加一些高光和陰影以凸顯它們表面的坑坑窪窪。

Shortcuts
【快捷鍵】
合併拷貝
Shift+Ctrl+C (Mac)
Shift+Cmd+C (PC)
從很多圖層中拷貝你選擇的內容而無須手工進行查找／合併。

11 添加暈映

為了進一步集中觀眾注意力，我打算提高圖片中心的亮度而使邊緣部分變暗。我單擊並長按調整圖層圖標並選擇色階，然後調整光線明暗度使其從右邊入射。我想使圖片暈映，於是我選擇色階圖層遮罩並填充黑色。接著選擇漸變工具並設置為徑向漸變，然後選擇第二個預設，即前景到透明。這要使用前景色，並調整其為不透明度 0%。我選擇白色，將漸變由太陽中心拖至圖片最左邊。重複該步驟直至獲得所需的亮度。太陽表面有很多噴出的耀斑，所以我重新在遮罩上用黑色柔性畫筆進行繪製。新建正常模式圖層並再次使漸變工具——這次選擇線性漸變——從邊緣部分拖入少許黑色以改善效果。

8 飛船草圖

開始我只是勾勒一張非常粗略的飛船輪廓圖，然後，我添加一些透視線條並勾勒出主要區域以確定飛船外形，再添加一些線條來畫出整個設計圖的框架。接下來，我便加畫主要高光和陰影使設計圖初具規模。對於細節部分，我使用螢幕模式圖層及顏色更亮的金屬色噴筆擦除部分面板以增加飛船表面的變化。如果需要我就增加對比度使飛船形象更加動感十足。

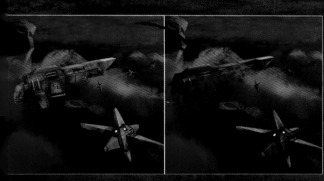

12 銳化

即使使用硬畫筆作畫，Photoshop 也容易使圖畫顯得柔和。為了銳化圖像，我進行全選（Ctrl+A），選擇合併拷貝（Ctrl+Shift+C）並粘貼。這樣便創建了新圖層使所有圖層思合成一幅平面圖。接下來，我選擇濾鏡 > 其他 > 高反差保留，設置其為 1.2 左右（如果圖像解析度較低，嘗試選擇更低的數值）。這樣可以形成一個樣子古怪的灰色圖層，但如果我把混合模式改成疊加模式，那麼灰色就會消失，一切都變得乾淨利落、清晰整潔。我再次調整圖層的不透明度來優化圖像效果，如果銳化程度仍然不足，我可能要刪除該圖層，並重新嘗試更高的反差設置，比如 1.8。

10 繪製雷射光

我為主力飛船選擇了藍色激光來刻畫它的火焰噴射口，並額外添加了一次爆炸。每一處被太陽光照射的部位都需要發亮的邊緣，於是我建立一個新圖層並添加了高光——這是提高飛船品質的極其重要一步。之後又建立線性顏色減淡和顏色減淡兩種模式的圖層來增加幾個部位的亮度並添加發光薄霧。對於礦井裡的陰影部分，我新建了正片疊底圖層並使用多邊形套索工具來繪製太陽中心部分發出的光射過礦井邊緣的景象。

9 加入外部圖畫

為了節省時間，我打算將部分遊戲概念圖用於礦井和飛船的創作。雖然這樣做並非始終奏效，但既然要繪製太空，我當然能夠成功地解決很多潛在的透視問題。不過，可以看導出它們搭配並非完美：它們看似很單調，而且光線與周圍環境也不夠協調。為了使它們能夠相互交融，我直接在其上面新建了疊加層，並將其像素鎖定為概念圖層（為此，我單擊圖層名稱並選擇創建剪貼遮罩）。然後，使用中暗度的灰紫色添畫陰影，並使用淺暖色作為高光。我在頂部建立兩個剪貼遮罩：一個設置為正常模式來降低明暗度，一個設置為顏色減淡模式（Color Dodge）使被太陽擊中的飛船表面碎的炸開。最後我再次選擇源圖層並擦除一些來顯示飛船和礦井位於雲層之中。

技法解密

圖層處理

在此我為大家提供幾條處理圖層的建議。單擊 V 打開移動工具。在選項條中選擇圖層並取消勾選自動選擇。選擇移動工具之後，按 Ctrl 並單擊圖片：該處的上部圖層將被選中。（查看色板以確保這是你想要的。）還有，將圖層按關鍵組件分組，使其組織有序。選取所需圖層，然後單擊 Ctrl+G 進行定位。我繪畫速度很快，通常情況對分組進行命名就足夠了。

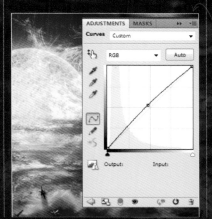

13 曲線的運用

我想全面提高圖像的亮度，因為我發現它在我同事的顯示器上顯得太過暗淡。一種亮化或暗化圖像而又不損傷亮光和暗光的強大方式是使用曲線工具。創建一個曲線調整圖層，抓取將曲線圖一分為二的線條的中間並稍稍拖動，你應該可以看得出，中間區域開始變亮。我再次遮蔽太陽周圍的部分區域，因為它們過於明亮。這樣整幅圖片大功告成——希望你喜歡。

人物設計

創作獨具特色、勇猛無畏的
男女主角

創作
示範影片
見光碟

66 我將創作一個這樣的人物
形象：他要把相互對立的世
界統一為一幅連貫而生動的
畫面。 99

馬切伊·庫恰拉（Maciej Kuciara），第 52 頁

馬切伊‧庫恰拉

祖籍波蘭的馬切伊‧庫恰拉自 2004 年開始進入電玩遊戲領域，曾效力於 Crytek 公司，從事《末日之戰》和《末日之戰 2》的創作。目前馬切伊正忙於 Naughty Dog 工作室的下一個重大項目——《美國末日》的創作。

參考多種藝術風格，設計偶像化人物形象。
請翻閱第 52 頁

創作示範

學習設計遊戲人物

參考多種藝術風格，設計偶像化人物的
形象 第 42 頁

Photoshop
設計自己的遊戲主角

亞歷山德羅・泰尼 透過創作英勇無畏的人物姿態來詮釋遊戲人物，並展現了他繪製《幻想：西遊記》中男主角的高超技藝。

Artist 藝術家簡歷
亞歷山德羅・泰尼
（Alessadron Taini）
國籍：英國

出生於義大利的亞歷山德羅的藝術生涯始於在米蘭擔任創新設計師和插畫家。此後，他曾作為遊戲原畫設計師及圖書插畫家。現在他就職於 Ninja Theory 擔任視覺藝術總監，負責《天劍》和《幻想：西遊記》的開發。
www.talexiart.com

光碟資料
你所需文件見光碟中的亞歷山德羅・泰尼文件夾。

光碟
示範畫筆介紹
PHOTOSHOP
猴王畫筆

該工具具有濃重的、漆刷效果。我在《幻想：西遊記》的創作中使用該畫筆塗抹猴王（Monkey）的膚色。

在《幻想：西遊記》設計之初，我們決定使該遊戲以一部 400 年歷史的中國古典小說為創作基礎。作為遊戲藝術總監，我的職責是向我們的團隊呈現遊戲主角的相貌，這最終決定了他的很多特徵。即使是設計之初，一幅藝術作品也應充分表現遊戲人物的典型特徵——因此，猴王要展示其無窮力量和處世態度。

本創作示範中，我將為你們展示我如何將一個人物概念最終變成色彩豐富的圖畫並使其極富個性和力量。我將集中介紹本人的藝術手法但同時也要給大家提出一些技法建議。

1 最初草圖
第一步要用鉛筆創作出人物草圖，並力圖表達他們的處世態度和獨特個性。至於這幅圖像，我的靈感來自於小說中的猴王，我知道我的設計必須與小說保持一致，而且要賦予其以獨特的感覺。我發現鉛筆可使你自由地透過雙手緊跟自己的直覺，然而，我有時會直接在 Photoshop 中創作草圖。

2 增加清晰度
現在要拿起你的草圖增加其清晰度。要時刻記住你設計該人物的目標，這對你大有裨益。對於猴王來說，知道他將與敵方強大的機械化部隊作戰，而且攀爬活動很多，因此我突出其脊背和雙臂的肌肉來獲得誇張的身體輪廓。另外，我還為他設計了一雙超級強壯的大手。在我的人物創作中，我善於突出人的特徵並將它們進行發揮，但不能發揮到卡通動漫形象的程度。如我創作的另一個人物納提克（Natiko）就特別突出了她的天劍。她的形象十分逼真，但雙眼比真人的要大，這使她的臉部表情非常引人注意。 ▶▶

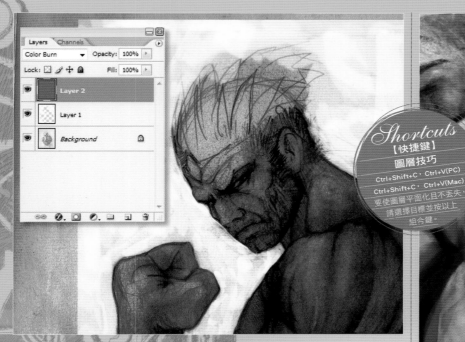

3 添加基礎色

我增加了一個棕色加深圖層以掩蓋鉛筆紋理並給人物添加背景色,這使得人物紋理顯得粗糙而看似粉筆線條。棕色是人物創作時很好的一種膚色,因為你可以添加一些淺色相使人物變得栩栩如生。顏色加深層添加完畢後,我便使用白色圖層(該人物中的第一個圖層)將整個人物輪廓凸顯出來。

技法解密

光暈

在 Photoshop 中,引人注目的鏡頭光暈效果可以透過使用鏡頭光暈濾鏡而不是我此處提到的塗抹工具來獲得。

5 肌肉的細節描繪

我希望所繪製的肌肉從解剖學的角度來說是準確無誤的,所以我參考了一些健美運動員的照片以確保我的創作形象逼真。只要線條本身沒有問題,你就可以在保持其逼真度的前提下將其肌肉畫的誇張一些。

6 背景信息的考量

在這階段,我想將人物從背景中分離出來,並創作一些具體的裝飾物或設計,這些東西將在《幻想》中一次次地突現。它們命名為"藝術新潮":它們將新藝術流派的曲線和電路板的零件融為一體。一些遊戲反面人物或者說機械化部隊的背部都有這樣的設計,它們是遊戲選單的一大特色,同樣的象徵手法也被用於猴王紋身般的戰爭疤痕上。對於這副圖畫,我想使用裝飾品作為背景,使其稍顯遊戲味道並作為人物框架加以補充。

4 添加細部特徵

之後,我使用淺色調來增加皮膚的立體感。我利用自己的柔性畫筆,在其臉部和全身添加淺色陰影使皮膚變得生動逼真,該畫筆能產生漆刷似的紋理和面貌。眼睛是表現人物態度和引人注目的最重要特徵,即便是在草圖階段,它們也是表達人物思想感情的強有力的手段。在創作圖畫時,要明確你想要突出的焦點是甚麼並對其進行細緻刻畫直至恰到好處。在我的繪畫中,雙眼是我首先要注重的焦點,其次是臉部和肌肉。當逼真的膚色繪完後,我發覺猴王的頭部和身體的比例有誤,因此在終稿中,他的頭部被放大了。

7 添加紋身

使用同樣的藝術新潮技法，我為猴王添加了紋身狀的疤痕。首先，我在白色背景上創作出黑色紋身並將其繪於他身體的預期部位——在本圖像中，一塊在肩上，一塊在背上。然後，我將圖層變為柔光模式。這樣做使疤痕和身體呈現渾然一體的感覺。之後，我再為他的身體邊緣添加一些光線來創造出立體感——這些紋身要看起來酷似烙鐵留下的深深的疤痕。

Shortcuts
【快捷鍵】
快速切換
Ctrl+T(PC)
Ctrl+T(Mac)
按該組合鍵然後右擊，快速調出轉換菜單。

8 繪製面罩

我希望遊戲能夠與小說保持一致，於是決定從原著中猴王的臉孔獲得一些啟示。為此，我使用粉筆刷為面罩創造出人體彩繪的效果。這種效果兼具最簡單派藝術作品和部落風格的特點。同時，該效果視覺衝擊強烈但卻不會干擾猴王重要的臉部表情和眼神。假如我繪製的是一個全罩式面罩，那它看起來部落風格一定會太濃厚並且還使臉部變得模糊不清。我創作的是一個真人形象，但他的特徵卻跟小說中猿猴似的人物保持一致。

11 將對象混合

為了將人物和背景有機融合，我喜歡使用混合畫筆來為其添加油畫效果。這一步可在 Photoshop 中使用塗抹工具來完成。另外，我還喜歡將圖片放入 Painter 中，親自使用水性耙筆為其添加該細節。

9 處理頭髮細節

我不必為該人物形象描繪照片般逼真的頭髮，最重要的是要保持所向披靡的輪廓和極富挑戰性的造型，如果這種鬃毛般的頭髮太過逼真的話，這一切將不復存在。為此我使用粗畫筆創出鋸齒狀的頭髮輪廓，同時為頭皮創造出逼真的紋理。結果，頭髮和頭部渾然一體，強悍的外形就此呈現出來。

10 光照的處理

跟攝影師的做法如出一轍，我也喜歡從一側入射主要光線（卡拉瓦喬風格），另一側使用更加柔和的彩光，從立體的角度使人物變得栩栩如生。這是一種常見於漫畫中的技法。我能簡單而有效地使用圖層添加光照以凸顯主題，比如猴王的形象便是如此。首先，我在人物上添加新的黑色圖層，然後從圖層菜單選擇顏色減淡。接著，選擇恰當的光照顏色。在該圖畫我使用左側入射的自然光照射人物整個輪廓，而使用紅光照射他的背部。當你選擇顏色減淡時，黑色圖層變得透明，那你就可以在其頂部畫出光照效果了。你還可以選擇線性減淡（Linear Dodge）而非顏色減淡來創造出柔和的光線。

技法解密

選擇焦點

為你的創作選擇一個關鍵區域並花時間將其調整得恰到好處。該區域必須是你要傳遞信息和表達人物思想的地方，你還要選擇一個次要焦點作為補充。如果背景或人物的雙腿不是焦點，那麼就沒有必要對其進行過多的細節描繪。

12 最後添加紋理

為人物添加紋理效果意味著要在紙上或畫布上進行塗抹。我有好幾種特別喜歡的紋理，我將它們保存為可以覆蓋整幅圖畫的獨立圖層。其中一張紋理看上去顯得髒兮兮、滿是沙塵、鏽跡斑斑，因此用於背景比用於人物效果要好。我將另一種紋理覆蓋整個人物形象，使之有了油畫的感覺。

Photoshop

為《末日之戰 2》設計遊戲宣傳畫

宣傳畫的質感必須是最好的，且要與確定的遊戲風格保持一致。

馬雷克‧奧孔為《末日之戰 2》創作的宣傳畫在這兩方面都是一流之作。

藝術家簡歷

馬雷克‧奧孔
（Marek Okon）

國籍：波蘭

馬雷克是從業超過 5 年的自由職業插圖畫家兼概念畫家，以其在遊戲工作室 LucasArts 和 Cretek 的繪畫創作而聞名遐邇。

www.okonart.com

光碟資料

你所需文件見光碟中的馬雷克‧奧孔文件夾。

為一款暢銷遊戲創作宣傳畫即便是對於一位非常老練的畫家來說也是能使人聲名遠播的工作。不過，這項工作異常艱鉅，它要求你必須和多種不同的媒體打交道，以確保你的宣傳畫最受歡迎。同時這也是一項惹人注目的工作：你的宣傳畫將被廣為傳播並為該遊戲玩家廣泛討論。

任何遊戲廣告宣傳畫都必須符合業內早已確定的一切規則，這一點是為關鍵。技術層面的一致性也非常重要：你必須將遊戲製作要件和你的繪畫元素結合起來使之彼此協調。即便是在創作初始草圖之前，我也要首先咨詢我的美術製作人馬格努‧拉布瑞特（Magnus Larbrant），因為他要指導我的人物創作全過程並確保我的畫作跟遊戲吻合。通常，他首先要向我闡明他希望在畫作中看到些甚麼，然後由我來對其說明進行修改完善。在該案例中必要少要表現的關鍵元素包括：奈米生化服、《末日之戰》中的主角、背景中的紐約以及公路上滴著外星生物鮮血的大洞。我建議在背景中添加火焰以及漫天飛舞的石屑以便將靜態的場景變成更加動感十足和吸引目光的東西。我們討論是否應該在圖畫中繪製外星生物，但最終雙方都同意很難勉強加入外星生物，因為那樣一來整幅畫面或許會變得擁擠不堪。圖畫創作的設計理念已經明確無誤，我便開始創作了⋯⋯

1 將設計理念勾勒成圖

第一張草圖通常非常粗糙，它只需以最簡單的方式告訴藝術總監你畫的是甚麼，因此我不必擔心會犯結構性錯誤、缺少細部特徵之類的問題。很可能我還要徹底重畫或者甚至要畫好幾個不同的版本。將美麗的城市風光和破碎的瀝青結合起來並非易事，因為我必須呈現出低到地面的東西同時還要仰視它們。經過與馬格努斯短暫的討論，我們決定使用低角度相機鏡頭從地面的一處裂縫向上拍攝。這樣就可以給我們呈現一幕漂亮的樓頂景象，同時隨便擺放的瀝青碎塊也能被拍入鏡頭。

2 檢查渲染要素

草圖繪製完畢之後，該檢查遊戲製作要件了：Crytek 對城市風景和奈米生化服進行了電腦草圖。當然這些東西也可以手工繪製，但是使用 3D 技術製作能確保圖像高度精確並和遊戲素材協調統一。用可能的最佳方式對它們進行修改與組合是我的職責，或許你認為可以任意使用高解析度渲染模式的自由會使該工作變得輕而易舉，但並非如此——它們太過乾淨，缺乏遊戲氛圍。我需要透過添加一些缺失的成分、修正陰影區和調整光度的方式將它們變得看起來更像表現自然的繪畫作品。

3 繪製背景

首先從背景入手是因為喜歡在創作主要對象前先確定遊戲強大的支撐結構，在這幅畫中，主要對象就是奈米生化服。我使用邊緣參差不齊的、不規則的寬紋理畫筆來繪製漫天沙塵遮蔽樓群的景象，而另一個紋理畫筆則創作出了邊緣堅硬的碎石飛舞的景象。這兩種畫筆都是由馬賽厄斯·維爾哈塞爾特（Mathias Verhasselt）製作的，你可以從網站 conceptart.org 的網頁 bit.ly/91ir9m 上下載（還有其他功能強大的畫筆）。在繪製某些雲彩和礫石時我使用塗抹工具來呈現狂風大作將一切席捲而起的場景。

4 節省時間

我利用照片添加了汽車和大火。同樣，這些東西也可以進行繪製但是使用現有圖片可以節約時間——這在創作中極其重要——而且能夠保持和渲染高度一致的細部特徵。我使用繪製漫天沙塵的同種畫筆繪製了熊熊大火濃煙滾滾的場景，只是畫筆直徑稍小。記住，煙塵和其他粒子物質都是撲天蓋地的，因此它們像任何其他固體一樣受光照和陰影的影響——這就是濃煙的底部要被火光照亮的原因。最後，我調整明暗對比和顏色使得背景看起來更加逼真。這將在稍後的創作中產生良好的景深效果。

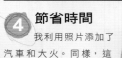

Shortcuts
【快捷鍵】
刪除選擇圖層
Backspace（PC/Mac）
單擊該鍵可快捷刪除所選圖層。

5 美化戰鬥服

現在我開始對奈米生化服進行修飾，儘管已以對它進行了大量的細部處理，但是該套戰鬥服仍顯得太過平滑，且光照效果單調。為此，我首先直接添加源自左上角的光源，複製奈米生化服的圖層，使用曲線功能進行加工直至圖像更加明亮，然後使用疊加模式來加深色彩和對比度。接下來，在該圖層添加遮罩並擦除任何沒有光照的區域。我再次重複該程序，不過這次是調整曲線以創造出暗色奈米生化服，並使用遮罩去除所有的光照區。現在我要使用較淺的明度來表示太陽直射的區域，使用較深的明度來呈現陰影部分。之後，再次回到明暗兩個圖層的遮罩，並調整部分區域以創造出更加清晰可辨的光照區和陰影區的邊緣。該程序要重複兩次，因為周圍略帶藍色的光線來自天空而現場的橙色光亮則來自大火。在它的上面我進行了幾處微調，並修正了一些現場的顏色。

6 保持戰鬥服的細節

或許你好奇我為何不使用圖層剪貼遮罩和不同的混合模式在原奈米生化服圖層上直接製作較淺的明暗度呢？那樣做是沒有問題的，但是，在這一過程中我將破壞原始渲染圖的一些微妙的細部特徵。將奈米生化服和背景合併之後，效果的確令人鼓舞，因為雙方的光照和色彩方案搭配地非常完美。

7 使圖像表現地面特徵

瀝青的紋理非常細膩清晰,我要將所有渲染的細節特徵加以搭配,而最佳途徑就是使用現有照片或紋理恰當的畫筆。首先我要簡單地畫出象徵支離破碎的柏油路面的大塊瀝青並施以基本光照,接下來,我將真實的紋理疊加到恰當的表面。注意,瀝青邊緣部分和它光滑的表面結構稍微不同,如果裂紋夠深的話而且在該畫面中確實如此,我必須牢記要畫出公路修建過程中的不同層面,比如底層的礫石和地基本身。紋理繪製完成後,我在它上面添加新圖層,並調整任何凸顯物體的光照效果。而且我還重新繪製一些瀝青,使所有紋理相互協調——不僅彼此相互協調,而且還要和圖像中已經塗抹顏色的區域相互協調。

技法解密
利用遮罩

記住調整圖層具有遮罩功能,它可以將你對調整的變化進行本地化。透過改變色調或明暗度以及對效果進行遮罩,你就可以輕鬆地將不同平面彼此分開。將文件夾的調整圖層進行分類將使你更好地掌握它們的透明度和混合模式。

9 表現景深效果

對於瀝青裂紋的上半部分的繪製我使用了之前同樣的步驟,可是之後我發現不同景深的層面混雜到了一塊。於是我採用了相機聚焦區之前與之後所有事物均模糊不清的照片式景深效果。這種效果對於在圖像中創造景深錯覺很有幫助,但這方法必須運用得當,否則圖像會看起來有點做假之感。

依據距離相機的遠近,我將前景分為四個不同的圖層。最上部的瀝青和帶有下垂膠狀絲帶的物質是第一圖層,因為它們最靠近相機。中間部分的大塊瀝青是第二圖層,最底層部分是第三圖層,而稍高一點的底層則是第四圖層。四個圖層全部使用鏡頭模糊濾鏡,明暗對比最強的在第一層,最弱的在最後一層。如果你想避免透明,要確保所有圖層邊緣周圍的區域稍微疊加。由於背景比瀝青裂紋距相機焦點遠得多,因此一個模糊景深就足夠了。這樣,我們創造的景深效果大功告成。

8 處理外星物質

在為《末日之戰》中的物質尋找合適的明暗度時,我將水母照片置於肉片的照片之上,然後調整不透明度和混合模式。接下來我開始繪畫,嘗試透過添加地下的離散效果和地表光澤度的變化在不同地方描繪出不同的物質結構和密度。這種隨意的畫法提高了該物質的有機感,也使得玩家覺得它是由多種材料提煉而成,而這些材料則是更宏大的物體的一部分——不過至今尚未顯露。我還添加了濕漉漉、黏乎乎的膠狀絲帶把所有東西串在一起,給物質更多外星的質感,我用黃色/粉紅兩種色調的混合模式突出該物質的有機質本源。疊加、柔光和強光模式可以在半透明的材料中產生逼真的光線散射的效果。

12 添加移動粒子

我需要添加一些前景化粒子效果,這包括現場漫天飛舞的微小礫石,以及落入柏油馬路裂縫中的小石塊和沙塵。因為這些顆粒的飛濺布滿整個區域,所以我使用了之前繪製背景沙塵的那隻畫筆進行創作,只是紋理取樣較大。然後,使用基礎塗抹工具來為礫石添加微妙的動感。動感不必太過精準——能騙過觀眾的眼睛就夠了。

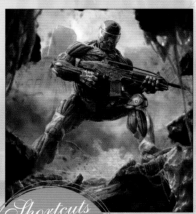

13 執行最後調整

我對色彩平衡做出一些細微的調整。為奈米服和前景色調稍微添加一些暖色,這樣它們即刻便從冷色調的背景中凸顯出來。接著,對幾處色彩進行微調。大功告成,圖片創作完畢,可以向營銷團隊交稿了!

10 為奈米生化服創造磨損痕跡

因為奈米服是作戰盔甲,它看上去應該有磨損痕跡——污漬斑斑、遍布划傷、凹痕累累。於是我首先在奈米服基礎圖層之上覆蓋剪貼遮罩繪製一張塵土飛揚的圖層。我使用兩隻畫筆來創作塵土紋理:一支是邊緣平滑的寬畫筆,另一支是稍顯粗糙但能繪製微妙的類似噪點圖樣的畫筆。你可以使用任何混合模式來繪製塵土層,不過我喜歡將它設置為正常並降低不透明度。我在整張畫布上嘗試塵土顏色。第二張是布滿凹陷和傷痕的磨圖層,如同之前,我依舊新建剪貼遮罩覆蓋奈米服的基礎圖層。最佳創造可信度極高的凹陷方式是在一個區域對深淺明暗度進行嘗試,然後參照光源依次繪製凹痕。我經常將凹痕作為一種區分戰鬥服外表不同區域的方式,比如雙肩上的奈米帶子。最後一張圖層全部由硬刮痕構成。我又一次建立剪貼遮罩,然後用硬圓畫筆繪製刮痕。多數磨損位於奈米材料的堅硬邊緣處,因此我要確保它們最顯而易見。我還在硬刮痕圖層添加遮罩並使用了粒狀紋理來表現其高度真實性。最後,在主要反光表面添加了幾處光亮,並對光照和色彩平衡進行了少許改進。

技法解密

追求協調統一的外觀

圖畫細節的協調是創作成功與否的關鍵。因此,如果你使用細節太多的數位照片或紋理,要毫不猶豫地使用中間值或模糊濾鏡來減少部分細節。在非焦點區域添加太多的細節對你的畫作百害而無一利。

11 檢查色彩平衡

我將該圖畫中的色彩平衡和《末日之戰2》中使用過的參照色板相搭配,為此我使用了色彩平衡和色調/飽和度調整圖層相結合的辦法,同時用遮罩將圖像的不同平面分開。我想在圖像上創造一種憂鬱的、微黃與微藍相間的外表來突出一座城市被外星人侵佔時的可怕氣氛。

Fantasy Art
essentials

奇幻插畫大師Wayne Barlowe、Marta Dahlig、Bob Eggleton等人詳細示範與解說創作的關鍵技巧，為讀者指點迷津。

《奇幻插畫大師》能大幅度提昇你的想像力，以及描繪科幻插畫或漫畫藝術的水準。無論你希望追隨傳統藝術大師學習創作技巧，或是立志成為傑出的數位藝術家，都絕對不可錯失本書中的大師訪談和妙技解密講座等精采內容。

全書共218頁，全彩印刷 售價600元

傑作欣賞

來自 H.R.Giger、Hildebrandt兄弟、Chris Achill os、Boris Vallejo 和Julie Bell等眾多藝術大師的驚世之作和創作建議。

大師訪談

透過與Frank Frazetta、Jim Burns、Rodney Matthews 等傑出奇幻和科幻藝術家們的精采對談，激發我們的創作靈感。

妙技解密

Charles Vess、Dave Gibbons、M lanie Delon等人及多位藝術家，逐步解析繪製插畫的步驟以及絕妙的創作技巧。

Photoshop

設計太空探險遊戲中的巾幗英雄

勇猛無畏的個性及清晰可辨的輪廓使人物形象過目難忘。凱文‧陳 將帶你領略整個設計過程……

藝術家簡歷

凱文‧陳
（Kevin Chen）
國籍：美國

作為自由職業概念畫家和概念設計學會的創始人兼會長，凱文最新的創作項目包括為《狂彌風暴》進行人物和服裝設計。catapusdesign.blogspot.com

光碟資料

你所需文件見光碟中的凱文‧陳文件夾。

一 個好的人物設計要創造一個能幫助確立遊戲主題、故事展開方式及清晰程度的偶像形象，這些都是遊戲能夠順利開發的必要條件。我將與大家分享一些設計技巧，並向大家展示在遊戲人物設計中所瞭解的設計技巧和創作過程。

為遊戲設計人物不同於為電影或動畫片設計人物，遊戲中的人物必須具有雙重職能——他們既是講述故事的原型人物又是相互作用的偉大天神化身，它們能讓玩家使自己置身於遊戲之中並能與遊戲世界互動。

為 CG 產品創作人物插圖與創作印刷品插圖略有不同，我們的目標是用圖形和紋理盡快地向建模師清楚傳達我們的設計。因此，我們常常使用很多照片來加快進度，而且對其渲染也不那麼重要，因此最終的遊戲人物造型才是決定性的。作為人物設計師，我們需要在前期探索多種設計理念並確定一些有趣的設計方案的最廉價方式。這些設計方案要有助於激發整個團隊對這個新開發項目的熱情。我的創作展示將揭示我是如何將一個粗略的設計理念從線描畫變成色彩斑斕的成品以用在遊戲製作前的前期廣告宣傳。我們現在就開始吧！

1 做些前期研究

在開始繪畫前，我喜歡花點時間思考並研究可以用來刻畫人物的不同方法。目的不是為了瞭解她是一部科幻遊戲中的巾幗英雄，而是要自問此類問題：這個人物是誰？她來自何方？她是幹甚麼的？她為何出現在這個故事中？這個故事發生於何時？自問這些問題有助於我更深入瞭解人物，唯有如此我才能為此設想出一些饒有興趣的答案並圍繞這些答案進行設計。

2 刻畫人物姿勢

我首先刻畫一個身體比例精確、姿勢能夠恰到好處地表達人物個性與態度的普通人體模型。在本案例中，我希望所繪製的女英雄要有高傲的神態，於是我為她畫出了彎曲的脊椎骨和高聳的肩膀以凸顯其胸部、表現其自信。為遊戲人物設計姿勢時，最好是使其手臂遠離身體以便於該造型設計結構清晰。經典的四分之三前視和後視的人物繪畫技法非常適合於遊戲創作，因為它們能使建模師看到最多的信息。

③ 刻畫臉部和身體

在進行人物設計時，個性的表達是最重要的：它能夠促動其他一切的設計，而且是給觀眾留下印象最為持久的東西。我希望將人物設計地個性獨特，臉部結構特色鮮明，體態韻律獨特。我將她的頭骨結構畫得稍大以便使她的臉孔引人入勝，因為我想給她設計一副歐洲貴族的臉孔、劍客的體型。

⑤ 充實人物設計

這時，我發現她的機械化左臂需要進一步清晰化，於是我在右邊素描了一些新的構思來對設計進行平衡。整套服裝看起來有點太過雜亂，於是我在左邊做了簡單的勾勒幫我更清楚地看到圖片的整體佈局。（我還考慮過如何使她的刀刃變成鞭子。）通常我在這一階段要呈現給藝術總監至少三套設計方案供其挑選，之後就對被選中的方案進行顏色處理。

進行 3D 構思，使用全視角進行設計。

⑥ 人物添加遮罩

為了幫助縮短清理時間，我塗抹一張選擇區遮罩以便於我能夠將人物和背景輕鬆分離。我喜歡這樣做，因為它有助於我看清沒有內部細節時人物輪廓的效果到底如何。你也可使用套索工具來完成這一過程，但是我喜歡使用畫筆，因為畫筆讓我擁有更多的支配能力。

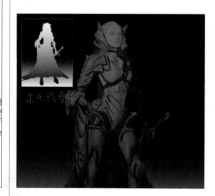

④ 設計創作服

設計服裝時的重要一點是要考慮人物的前視和後視——尤其對於第三人稱平台遊戲或第一人稱射擊遊戲來說更是如此。在這種遊戲裡，人物在 80% 的內容中都是背對觀眾的。為了實現構圖清晰，要將服裝進行大中小型的變化。這樣能夠創造一個良好的平台使圖像的細節部分成為觀眾注意的焦點。出於對遊戲隊員的身份、動畫製作和用戶界面設計等原因的考慮，主要遊戲人物的臉部、雙手及背部上方都是重要部位，因此你需要仔細斟酌。

⑦ 周圍光照

使用遮罩作為選擇區，我為背景添加由暗到亮的漸變。為使人物突出，我在她身上使用反向漸變。同時，為了使畫在整個漸變中都能顯現，我對圖層使用柔光或疊加功能。

8 局部明暗度

在添加任何引人入勝的光照效果前，我總想將人物繪製得好像她矗立於周圍射入的光線中一樣。這樣能保證她在陰影中和光線充足的場景中都能看起來非常自然。當設計局部明暗度時，我使用小中大三種比例的明暗度表示亮度階變。

9 測試色彩搭配

我嘗試使用能夠激發觀眾情感的色板，我使用皇家旗幟的顏色作為設計基色來表達她的個性與高貴的血統。為你的基色賦予生機或降低其飽和度使之呈現暖色調或冷色調非常重要，這樣你就可以進行高光處理了。作為普通規則，如果你的人物設計成雕塑像，那就使用簡單色彩，如果人物形象太過平面化，那就使用複雜的色彩搭配。

10 開始創作肌肉的色調

我開始大塊面描繪肌肉的色調來幫我調整周圍其他部分的色彩飽和度以便於之相呼應。她的皮膚是一種很有意思的材料，因為它暗淡的暖灰色外表能夠吸收任何投射到它上面的顏色。同時這種材料也是透明的，光線能夠穿透肌肉內部分使它在陰影處呈現鮮艷的紅色。刻畫高質感皮膚的關鍵是僅在肌肉部分使用紅色調。

11 渲染人物主要組成部位

為了節省渲染圖畫的時間，我使用柔光或疊加繪製一個圓柱和一個球體，並將其置於人物身體主要組成部位的上方。你可以看到它們分別位於人物的左側和右側。透過這種技巧，我可以使用光線和陰影快速畫好幾個大的區域。在那些需要塗抹速度更快的地方，及當時間極其緊迫時，我會在此階段使用電子照片。照片可以給我提供很多微妙的細節和變化多端的色彩，這些東西如果進行手工複製將非常耗時。

Shortcuts
【快捷鍵】
曲線工具
Ctrl+M (PC)
Cmd+M (Mac)
快捷改變飽和度，為肌肉色調添加中灰和飽和陰影。

12 確定服裝材料

要想開始對服裝材料進行渲染，我首先要確定圖像中最軟和最硬的材料。在本案例中，那就是她的皮膚和金屬盔甲。對於皮膚，我使用曲線工具來控制陰影部分的飽和度，並在其色調中加入微灰色。對於金屬盔甲部分，我使用套索工具為它創造出乾淨的邊緣，再利用顏色減淡圖層造就完美的飽和度，同時在金屬盔甲表面塗抹反射光。

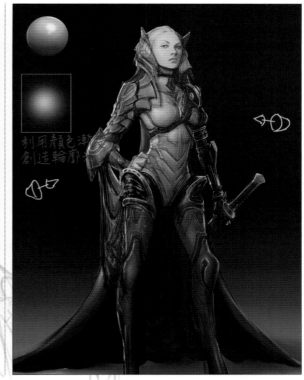

13 三個圖層，三種材料

一旦人物所有的肢體末端都已設計完畢，我就集中精力設計其中間部分的各種材料。對於一個可信度很高的服裝設計來說，永遠需要至少三個布料圖層和三種服裝材料。如果我很難表現某種材料時，我常常把它單獨畫成球體來分辨出它的各種顏色以及反射能力的大小。一旦解決了渲染問題，我就能夠選取顏色用於我的人物設計了。

14 顏色漸變

為進一步統一各種顏色並創造更好的光線感，我常常在人物或背景上添加另一漸變圖層。在該案例中，我採用了由暖色到冷色的漸變以模仿光照環境下自然光的投射。為了使漸變稍微變亮一些，我最喜歡使用柔光，因為它對於顏色和明暗度能產生非常柔和的效果。

15 添加戲劇舞台效果

為了替遊戲人物創造出戲劇效果，並使她從背景中凸顯出來，我在她身後施加了強聚光以創造漂亮的輪廓光，好凸顯她的身體輪廓。為了製作輪廓光，我使用油漆桶工具來建立一個黑色圖層並為其設定了顏色減淡圖層的屬性。當我向該顏色減淡圖層上部塗抹暖白色時，模仿強光照射物體時的飽和度的漂亮光照效果就出現了。

16 最後的調整

經過幾次改進之後，設計宣告結束。通常要經過幾次修改才能使主要人物設計獲得批准進行 3D 建模。一旦批准，標準做法是為建模師製作一個材料名稱清單以供參閱，同時提供一張轉身圖已完成整個設計包。

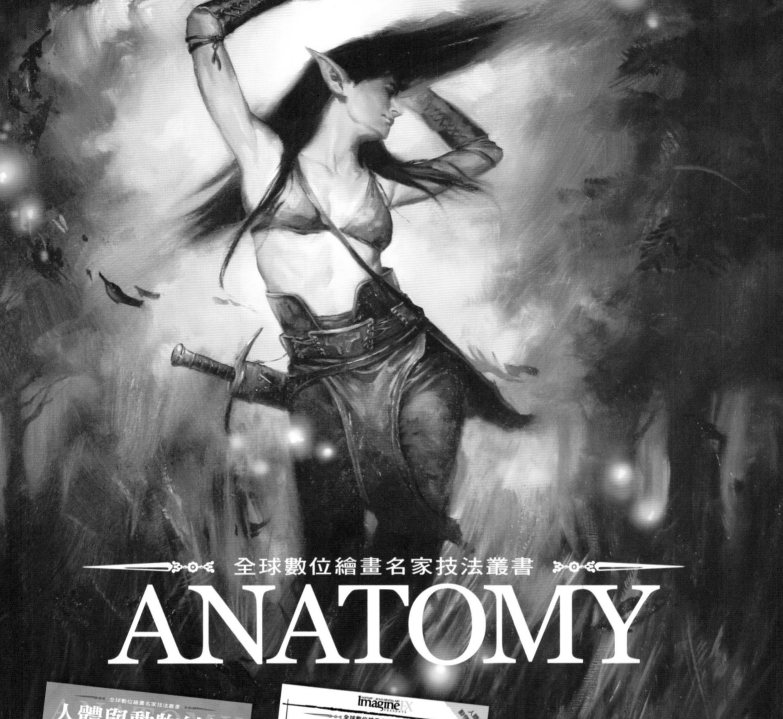

全球數位繪畫名家技法叢書
ANATOMY

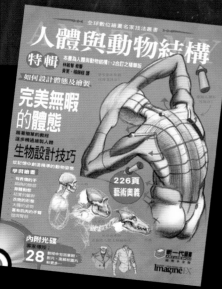

Photoshop & SketchUp

創作
示範影片
見光碟

重塑經典漫畫人物

你如何塑造 DC 漫畫中富有同情心但卻內心邪惡的哈利 · 奎恩的形象？
Rocksteady 畫室的概念畫家 坎 · 馬菲迪科 將向你展示他是怎麼做到的。

D C 漫畫中的英雄和惡徒的形象豐富得讓人難以置信，這給藝術家提供了令人著迷的豐富多彩而又非常有趣的人物形象。有幸能每天進行著這樣讓人激動的人物創作，使我每次坐在 Rocksteady 畫室的辦公桌前都會變成一個十歲的快樂少年。

為《蝙蝠俠：阿卡姆之城》構思無數概念的過程使我明白：你不能簡單地參與其中並對這些人物胡亂設計。因為這些人物形象中有些已經存在了長達 70 年之久，世界頂級漫畫

藝術家們和插圖畫家們都極大的推動了他們的演變。

在這次創作示範中，我將根據對哈利·奎恩（Harley Quinn）的描述進行繪畫創作。她因為自己極端的行為舉止和對小丑（Joker）的愛而聞名於世。我的目標是創作一幅與該形象相反的圖畫來表現她更加人性化的一面。我選取了她獨處並沈思的時刻來進行創作。阿卡姆之城的事件都十分令人驚奇，而她終生的摯愛小丑（Joker）則病情危重。她變換裝束，迅速行動去完成即將到來的使命。

藝術家簡歷

坎 · 馬菲迪科
（ Kan Muftic ）

國籍：英國

坎是一位在電玩遊戲、電影、廣告和音樂界均擁有廣泛經歷的概念畫家和插圖畫家。
www.bit.ly/kanm

光碟資料

你所需文件見光碟中的坎 · 馬菲迪科文件夾。

1 構圖

若你想用你的人物形象來講述故事，那就必須花時間研究構圖。在 Painter 中，我就想哈利正在更換自己的裝束，由此開始先粗略地勾勒一些設計理念。此時，我不想畫的太過漂亮（我從不在這一階段進行任何細節刻畫）。我只是草繪幾個版本來嘗試不同的構思、角度和姿勢。在這一階段，一旦我創作出幾張草圖，我就將他們集合起來提交等待批准。

2 繪製草圖

第一張草圖的影響最大，所以我就將人物剪下並放大一倍（畫布 > 重置大小 > 寬度 200%），同時確保已經檢查過約束文件大小工具箱。接下來，我開始選擇顏色直接在我的圖畫第一層也是唯一一層上塗抹。這有點不合常理，但對此我理由充足：它使我精力集中，同時還能夠提高塗抹邊緣和嘗試顏色的技巧。我發現同時處理多個圖層時，很容易在無數的選擇、嘗試和錯誤中偏離軌道。只處理一個圖層能夠使你集中精力仔細考慮並專注於所選顏色和結構。

示範畫筆介紹

PAINTER

標準畫筆：油畫棒

這幅作品的 99% 都是使用該畫筆創作的。

調和鬃毛筆

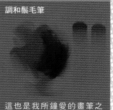

這也是我所鐘愛的畫筆之一。這種光滑細膩的畫筆可以使數位筆劃看起來像傳統畫筆所作。

3 依據設計添加元素

我草擬一些服裝設計的基本元素，向她的臉部塗抹睫毛膏，這給遊戲的背景提供了一個不易察覺的暗示。我還為該草圖粗略地添加了一些其他元素。這些元素稍後將給予詳細說明——此時我只是想給它們找到恰當位置而已。我想避免將事物過早地鮮明刻畫出來是很重要的，因為這一階段仍然只是一種探索和對顏料的嘗試。

➡➡

遊戲畫家

翻至第11頁你會發現更多坎‧馬菲迪科為
Rocksteady工作室的《蝙蝠俠：阿卡姆之
城》創作的作品，這些優秀的概念畫
將為你帶來很多靈感……

Shortcuts
【快捷鍵】
反覆保存
Ctrl+Alt+S (PC)
Cmd+Option+S (Mac)
這是一個保存按順序標號的
不同版本圖像的簡單而實
用的方法。

4 裁剪與繪製草圖

我判斷這張圖像中哈利對面的空間太大，所以我就對它進行了裁剪。記住構圖在視覺形式的故事講述中是統領一切的國王，即便是在繪製粗略草圖的階段我的油畫棒也非常有效果，我用它非常精彩地描繪了幾處邊緣。用這些畫筆我在畫布上畫出長長的寬筆劃。創作草圖是個有益身心的過程。

5 挪動部分構圖元素

我意識到需要對畫像進行一些修改，但是我發覺一旦你開始塗抹顏色就很難回到初始狀態重新設計你的構圖了。因此，現在就回歸初始，並糾正一切或許是最好不過的了。利用套索工具我選中畫像的左側部分並將其移走，然後快速在哈利身體上勾勒出更多呈現她的裝束的缺失部分。

6 充實圖像細節

這時候我覺得自己的創作已經步入正軌，於是我決定放大畫像。這樣做的原因是我仍然希望快節奏繪畫，哪怕是對於細節部分也是如此，我不習慣於在圖畫的細枝末節上浪費時間。我開始充實畫像的細節並為她添加一雙她常在《蝙蝠俠：阿卡漢姆瘋人院》裡穿的紫色皮靴。紫色給畫作的整體色調起了錦上添花的作用。

7 將圖畫組合成形

之後，我開始處理人物和環境的一些細部特徵。我不想失去對畫像整體的把握，所以我力爭不將它放大。我的畫布上有足夠多的顏色類別，因此我可以直接使用而不必重新調製色彩，而且，我的每一筆都很有力度，很有自信。要使每一筆都相互疊加，而不是亂畫一氣或小心翼翼地將它們排列起來，這一點相當重要。

8 臉部表情刻畫

在她臉頰上我添加了一絲微笑，以前的她看上去怒氣太盛，與她的性格有點不符。還有想到這個形象所代表的全部故事就使你想給她添加一些有趣的細節。即使是刻畫人物臉部的一些複雜細節，我依然輕鬆自如，我的手臂在桌子上慢條斯理地移動。奇怪的是，我剛開始著手畫，就畫得比以前棒得多。

9 邊緣結構

這個別出心裁的術語——邊緣結構，指的是畫作中的柔和邊緣和銳化邊緣之間的關係。透過使用感壓筆，我創造出了輪廓鮮明的銳化邊緣；當我慢慢將筆提起時，邊緣變得柔和了。在這幅畫上，哈利的頭髮讓你看到了很好的邊緣結構的例子。

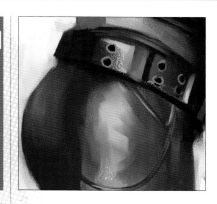

15 高光的處理

巧妙地為高光及高光邊緣部分定位可以成就或破壞一張圖像。這就是要知道將高光施加到甚麼材料上的重要性所在。在這張畫作中，我創作了一件皮革緊身胸衣，這就意味著我不能簡單地隨便添加幾處反射光就大功告成——胸衣表面的紋理能夠吸收部分光線，比如它不會以金屬那樣的方式反射光線。因此，我畫的高光有點模糊黯淡，這樣才能給人皮革的感覺。

10 長筒襪的繪製

在第一部遊戲《蝙蝠俠：阿卡漢姆瘋人院》中這雙長筒襪是哈利裝束中很有代表性的部分。當我開始勾勒時，我就意識到自己以前從沒創作過長筒襪，它是外形富有彈性而又非常精緻的東西，因此想畫得惟妙惟肖並非易事。我嘗試在網上尋找一些可參考的東西，但讓人深感意外的是，我幾乎找不到任何穿著長筒襪的圖像。在彼此毫無關聯而又模糊不清的圖片中尋找對你有用的圖像真的很難！我沒時間去搜尋那些生動的圖片，於是只好試著憑藉對襪子的常識來創造一雙。

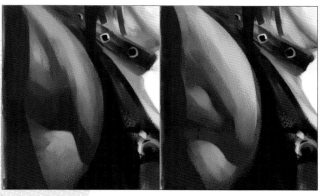

16 艱鉅的腋窩處理過程

直到現在，我對人物的身體姿勢、臉部表情和各種色彩的恰當處理仍是得心應手的，但卻一直推遲對這一區域的處理……而現在到了解決最難畫的腋窩和肩膀的時候了。我知道這一過程會很艱難，因為我無法確知擋在其他物體之後的手臂到底該是甚麼樣子。這也是我最後悔以前沒有多進行真實人物繪畫的時刻之一。我將顏色塗來塗去，試圖找出看似合適的顏色。如果真的陷入困境，就要做點恰當的研究、拍攝幾張參考照片或請人為你擺個姿勢看看。聽起來好像工作量挺大，但如果不這樣做而是糾結於創作過程中的錯誤可能更加耗費時間。

11 靴子的繪製

在試圖不破壞哈利的長筒靴的原型的前提下，我給它添加了一些細節的東西，因為到現在我還是很喜歡這雙靴子的邊緣特徵的。靴子光滑而閃亮，於是我就使用一些鮮明的反射光使其更加顯眼。我努力確保靴子的外貌不被改變，同時使之與相鄰的衣服感覺截然不同。

12 提高對比度

我快速切換到 Photoshop 並添加調整圖層（圖層>新調整圖層）。我將滑塊滑到代表色調信息的"黑色波浪"的最兩端來提高對比度。這一步也可在 Painter 中使用平衡功能來完成，但我發現 Photoshop 更便捷。

13 更多細節處理

我改變了哈利的微笑使之看起來更加自然，並為其添加了一些諸如黑指甲的細節來幫助使其個性更加鮮活。

17 臉部處理

在腋窩處耗費了大量時間之後，我開始處理她的臉部。對我來說這是最有趣的工作：我發現如果處理得當，臉部表情的繪製雖然極具挑戰但卻最有收穫。即使經過放大，筆劃仍然是自由地相互疊加著。她的臉部需要更多的表情但我必須保證她看起來年輕漂亮。在此，精確的修飾才是關鍵。經過一番精雕細琢我終於得到了想要的結果。

14 緊身胸衣的刻畫

用提高對比度的方式進一步豐富了畫像之後，我又切換回 Painter 選擇畫家顏料選單中的幾支平滑的調和鬃毛筆。這些畫筆對於渲染皮革表面和皮膚效果極佳，於是我將哈利的緊身衣稍微放大開始處理其構造。這是整個創作過程中最難最耗時的部分之一，這也說明瞭練習繪製各種各樣的生活物品是多麼的重要。

Shortcuts

【快捷鍵】

自定義按鍵

編輯選單>參數設置>自定義

按鍵(PC)：Painter選單>參

數設置>自定義按鍵(Mac)

為你的工具指定具體

按鍵

18 外部干預

在創作即將大功告成時，藝術總監要求我對畫像進行修剪，使哈利的裝束更準確地呈現她在《蝙蝠俠：阿卡漢姆瘋人院》裡的打扮。如果這樣做能使她看起來更加時尚的話，我將樂此不疲，我相信哈利也絕不介意……

Photoshop
融合多種奇幻風格

馬切伊 ‧ 庫恰拉 將展示如何設計偶像式女英雄，並將不同藝術風格融入其中，使概念和色彩和諧一體。

藝術家簡歷
馬切伊‧庫恰拉
（Maciej Kuciara）

國籍：波蘭

馬切伊是一位藝術總監兼概念畫家。他在電玩遊戲和娛樂設計行業從業六年，專為 Crytek 和 Naughty Dog 創作概念畫和接景畫。
www.maciejkuciara.com

光碟資料
你所需文件見光碟中的馬切伊‧庫恰拉文件夾。

對 於這次創作示範，我將帶領大家學習創作有趣而獨特的人物設計的幾個簡單步驟，並且這一設計不會被局限於任何具體風格。我將試圖打破風格之間的界限，將各種有趣的藝術成分融為一體，嘗試將對立世界和諧地融入一張引人入勝的人物畫像中。為此，首先我要注意幾點，比如如何呈現以及如何設法將不同理念變成概念草圖。最後，我要將自己中意的草圖慢慢變成完整的人物畫像。

本次創作所展示的主題是一個女英雄——一個所有藝術風格鐘愛的題材。我對她的身份和她的相貌了如指掌，她是一個喜歡尋釁滋事並且被通緝的金髮女飛行員，她性感、手持衝鋒槍、背插武士刀、胯下馴化龍、橫掃一切攔路者。

但是也有問題要克服，我將向你們展示對顏色的嫻熟運用如何將迥異的藝術風格融入一幅圖畫。安全帶繫好了嗎？要繫緊！

1 思考一些創作理念

首先，在開始考慮具體事項如明暗度、色彩和細節處理等之前要考慮如何呈現你的人物。依據你選定的主題，人物設計可以以標準肖像照的方式展現，或者也可以將男女英雄置於特定場景的動作照／電影照來進行展現。每種選擇都有其各自的長處和短處。

2 為主題選擇恰當的創作理念

用點時間在紙上或者在 Photoshop 中胡亂畫幾幅草圖將有助於你做出決定。對於該創作展示，我完成了三幅不同的草圖——其中兩幅分別為一張被動和一張主動的電影照，另一幅是簡單的肖像素描。我嘗試思考過能夠相互搭配的不同主題：魔幻、科幻、後世界末日餘威、葡萄美酒和現代世界。

我發現第三幅肖像素描畫最吸引我的注意。它提供一個展示人物裝束有趣細節的機會，這可以揭示女英雄的部分生活環境，並透露一些受人歡迎的故事情節。　　**➡➡**

3 參考圖片

在我雙手沾滿顏料開始深入繪製草圖時，我總是要花些時間對主題進行一番研究。我發現繪畫時手頭收集大量的照片和照片紋理很有幫助。因為希望自己的畫作能夠栩栩如生，我總是不斷地研究照片和自然環境，試圖搞清光線和色彩效果的原理。

4 處理明暗度

一旦對自己的草圖表達的含義感到滿意，我便開始構思一些細節。這使我堅信，在接下來的幾小時內我要付諸實踐的一些想法的方向是正確的。我繼續設計，強化我構思的明暗度、色調和光照效果。我試圖用黑白兩種顏色畫出足夠多的細節以確定我在何處著色。利用幾隻自定義畫筆來創作有趣的形狀和圖案使我把握住了用於將來著色和細節處理過程的一些關鍵理念。

5 著色時間

當我對草圖的明暗和細節表示滿意後便開始為圖像著色。對于飛行員女英雄來說，我嘗試創造一種將觀眾的思緒拉回到一戰時期的空戰戰場的光照效果。於是我添加了引人注意的落日。以強烈的高光照耀人物的輪廓。周圍的藍色光線穿透雲層給這一幕造成了一組對比鮮明的主要色彩：藍色／藍綠色以及黃色／橘黃色。

6 自定義畫筆

一旦主要的彩色筆劃已經準確到位，接下來要使用自定義畫筆在草圖的上部繼續添加顏色。我使用這些畫筆慢慢添加各種色彩並將其融合為心目中的光照效果。同時，我開始為圖像填補一些提升人物整體形象的細節。

技法解密

查找錯誤

將翻轉畫布選項設置於觸手可及的按鍵。在鏡像中觀察畫布，能清楚地反映出圖畫的結構、明暗度和細節平衡的錯誤。

7 注意光源

當我向圖畫添加色彩時，我特別注意考慮光源位置以及光照對人物產生的效果。在這幅畫中，我使用強烈、刺眼而又溫暖的太陽光，並結合天空暗淡的冷光共同構成周邊暗光線。依據這種理念我又繼續畫了一段時間，試圖將已經完成的工作統一起來，使各種不同的元素能夠相得益彰。

Shortcuts
【快捷鍵】
提升自定義畫筆功能
F5 (PC & Mac)
編輯你的自定義畫筆紋理，選擇紋理圖層，然後編輯>設置模式。

8 添加細部特徵

當我對色值和各種構形的細節表示滿意時，便開始著手為中心部位添加細部特徵。我一直喜歡使圖像最重要的位置保持清晰可見的邊緣和紋理。在我的草圖中，焦點是人物形象，而馴化龍的皮膚以及天空的刻畫則較為隨便。有了這種技巧，即使背景光照十分強烈，我也能使觀眾的注意力集中於圖畫的焦點：人物。

9 顏色更正

最終圖像的細部特徵已經充足，可以認為它已接近完成。此時我通常後退幾步試圖從一個全新的視角來審視創作成果是否令人滿意或者是否需要進一步修飾。我覺得自己對色彩還不是非常滿意——它們沒有完全蘊含我心目中的創作理念。在這種情況下，我通常要嘗試看看使用通道能否找到提高明暗度和對比度的途徑。

技法解密
編輯色彩

你可以透過創建色相／飽和度調整圖層，並從其模式下拉選單中選擇你想要的顏色來輕鬆地改變圖像中的色彩。你還可以透過調整來改變所影響的硬色和軟色的範圍。

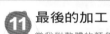

10 幾處潤色

我利用色彩平衡、色階、色相／飽和度、可選顏色和抖動來調整圖像的色彩直至它能夠接近我所設想的人物形象。我不會將調整圖層局限於正常設置——相反我會挑戰一下 Photoshop 的高級選項，比如每個通道的控制色階（藍、紅、綠）或每種顏色的色相（綠、黃、紅等）。我不惜耗費時間來保證我的作品的色彩必須讓我滿意。

11 最後的加工

當我對整體的顏色層次感到滿意後，我在需要添加更多細節的地方增加幾處修補。我還嘗試修改幾處之前繪製草圖時留下的不太鮮明的筆劃。最後力爭確保即使是圖像的最暗處也要清晰可辨。我使用自定義雜色圖層在圖像的最暗處利用自定義畫筆進行顏色嘗試。

怪獸概念設計

為遊戲創作表現力極強的怪物

創作
示範影片
見光碟

> 這些創作經常給整個團隊帶來靈感或者在團隊中引發熱烈討論。

達里爾·曼德雷克（Daryl Mandryk），
第 62 頁

達里爾·曼德雷克

自 1999 年進入娛樂業後，達里爾·曼德雷克就將自己的名字融入了包括 Turok、SSX 和 TRON 在內的許多遊戲項目。在創作示範中，他將揭開創作動感十足的怪物圖像的一些秘訣。

將你的怪物置於一個場景中，給畫家團隊以啟示。
請翻閱第62頁

創作示範

創作令人驚奇的怪物形象的技法

蟲族的繪製技巧，
第 58 頁

創作廣闊的
外星人戰鬥場景

揭開如何逼真地描繪戰鬥場景，恰似盧克‧曼奇尼創作的兩名威力無比的外星戰士之間發生衝突的生動畫面。

在 即時戰略遊戲《星海爭霸2：自由之翼》中，玩家擁有飛鳥般宏大開闊的視野。這對策劃擊敗對手來說極有幫助，但從更戲劇化和藝術化的角度來說，這也留下了進一步改進的空間。最終，我決定只呈現戰鬥過程中的一個瞬間。

這幅圖畫是關於一次發生在威力無比的神族光明執政官和最令人膽顫的蟲群地臉部隊猛之間的對抗。我的目標是凸顯兩個戰士發生衝突之前的幾秒內那種無法控制的能量，並且著重表現蟲族雷獸凶殘無比的有機能量和神族光明執政官的純精神的高度集中的能量之間的對比。然而《星海爭霸2》中的戰鬥通常有幾百場之多，在此我將只集中展示這一場決鬥，同時依靠無縫剪切來展示在他們周圍還有一場更大的衝突。

藝術家簡歷

盧克‧曼奇尼
（Luke Mancini）

國籍：美國

盧克是一位澳大利亞概念畫家。他現已移居陽光明媚的加州並供職於Blizzard娛樂公司從事於《星海爭霸2》的創作。

mr_jack.deviantart.com

光碟資料

你所需文件見光碟中的盧克‧曼奇尼文件夾

怪獸概念設計

1 創作草圖

我的創作開始於快速粗略的勾勒草圖以呈現大致結構。經過一番塗鴉之後我獲得一幅大概均衡呈現兩個怪獸的畫像，同時仍然重點凸顯雙方規模的巨大差異。這一階段我的筆劃寬泛而鬆散，力圖以此來表達我想一直保持到最終作品中的能量。

2 初期設色

關於如何設色的問題我早已胸有成竹，我要盡可能早些設色以確定是否運用得當。我將草圖層變暗使之更易顯現顏色，然後在線性光圖層上繪製第一個通道。在此處使用的混合模式因圖而異，但全部屬於疊加模式，因為這樣能使你利用正在使用的顏色強化光照與陰暗的效果。

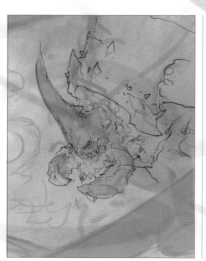

3 開始添加一些細節

一旦基礎設色完成，我返回到圖層上部再添加一些細節。由於在第一階段所繪製的光明執政官和雷獸略圖非常簡單，因此，在我真正開始繪畫之前，我還要對設計和圖像的構成要素做一些取捨。首先，我添加了一個不透明度為 80% 左右的白色圖層，使自己勉強看清繪畫位置。然後開始用描線勾勒怪獸的細部特徵。在這個初級階段，我不用描繪太多的細節——我只是集中力量完成最主要的興趣點，而把這一步放到創作即將結束時來做。

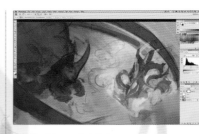

4 強化底層色

接下來，我刪除非彩色圖層並著手使用新的正常模式圖層來潤色下層的色彩，使之能夠與線描畫部分相匹配。儘管在這張圖畫中我不會繪製強烈的光照效果，但這時我也要開始考慮光線問題了。我想用普通"太陽光線"投射畫作的大部分區域，同時光明執政官身上閃爍的活力四射的藍光則為畫作提供了又一處顯著光源。

5 開始著色

現在開始的階段是整幅圖畫中最耗時的部分——渲染。我首先在線條較密集的區域上面塗抹，力爭不使高光亮度太大。在這一階段我努力使怪獸的外形看起來合情合理。最好是先將這些做完，然後再添加更亮的反射光和照射光以確保能夠相互協調。

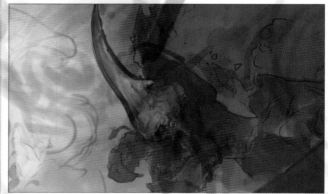

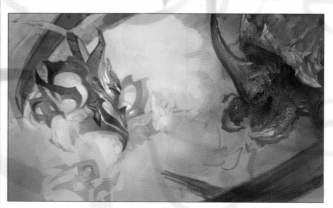

6 繼續充實細節

在繪畫中我通常極力避免過早的塗抹效果色彩，而是會考慮到，光明執政官是純能量生物，在該階段需要重視這些因素。對此，我採取了折衷的辦法，將他的部分盔甲渲染成被普通場景燈照射的樣子，而其餘部分則被自己發出的光線照射，同時能量雲的光線則照射出盔甲的輪廓。

7 設計背景

在開始處理圖像效果前,我希望使畫作更富整體感,於是我開始設計背景並使之融入圖像。利用半透明畫筆並巧妙地使用塗抹工具可以創造出動感,我粗略的畫出光明執政官周圍漩渦狀的能量以及雷獸的鉤狀利爪。它們的組合就構成了圖畫中心的框架。

10 細節和光照效果的處理

現在該回頭來完成雷獸的渲染並將所有圖層予以合併了。在新建的正常模式圖層上我加入了炫目的高光並完成了諸如眼睛、牙齒及一些巨齒獠牙的細節處理。另外我還添加了一些源自執政官身上離子風暴的不太明亮的藍色光照,這有助於將雷獸的臉部和龐大軀殼的前部從背景中凸顯出來。

11 最後的特效處理

新建兩個和之前的線性減淡(Linear Dodge)圖層屬性相同的效果圖層,並在上面繪出能量效果的其餘部分:光明執政官的離子風暴的巨大閃電,他的盔甲伸出的巨大透明觸鬚,以及掠過雷獸身軀的另一縷藍色光線。此處再次使用深色圖層非常重要,這樣才能使以上特效不被沖淡。

8 賦予執政官能量

一旦執政官的盔甲和基礎的雲團光線都已創作到位,我就可以開始設計他周圍的離子風暴了。為此,我建立新圖層並設置為線性減淡(Linear Dodge),深藍色外發光也設置為線性減淡(Linear Dodge),這樣便可以描繪他盔甲上的能量光束了。線性減淡圖層可能變得非常刺眼,這當然要取決於它下面圖層的顏色。於是我在本階段全部使用深藍色來避免光線發白。

9 增強執政官的能量

當所有的周圍光線都已經按我的設計繪製完成,我便開始設計構成執政官的能量。這個怪物代表著神族離子技術的巔峰,所以能量是一個關鍵性特徵。使用同一張圖層,我繪出了他的前肢以及他的盔甲層外部和之間的電弧。這一階段我還使用了設置為透明度極低的深藍色漸變工具來提高人物周圍的色彩飽和度。這有助於凸顯執政官身上熠熠放光的超能產生的光線,因此他似乎真的要從整幅圖像中一躍而出。

12 調整紋理和銳化

最為收官之筆,我在圖像上面添加不透明度較低的疊加混凝土紋理以彰顯顆粒感,並使用色階調整圖層。我將兩者蓋在雷獸身上對比度需要加強的部分以求強化效果。最後一步是合併圖像圖層,並施加能夠銳化圖像邊緣和細微之處的去銳化遮罩(Unsharp Mask Filter)。如果在繪畫過程中使用了柔性畫筆,這樣做尤為重要。

Photoshop

創作動感
十足的概念畫

藝術家簡歷
達里爾·曼德雷克
（Daryl Mandryk）
國籍：加拿大

達里爾從業於娛樂已長達11年之久。最初作為 3D 動畫塑像師和貼圖師，之後為概念畫家。他曾服務的遊戲客戶包括 EA。
www.mandrykart.com

光碟資料

你所需文件見光碟中的達里爾·曼德雷克文件夾。

達里爾 · 曼德雷克 將為你展示在將遊戲場景概念從草圖變成圖像的過程中如何激發無窮的想像。

為從業於遊戲產業概念畫家，我其中一部分工作就是構思遊戲中的每一個瞬間。這種創新經常給整個團隊帶來啟迪，或者引發關於該遊戲的爭論。有時這些概念是大家的集思廣益，但有時要求你必須獨立思考並獲得靈感。

在本次創作展示中，我要將一張快速的塗鴉

逐漸變成一張完美的可以呈現給顧客的畫作。我將帶領大家準確地把握將一個概念充實為完美圖畫的每一個步驟。而且，隨著示範的進展，我還要與大家分享概念形成、畫作構圖和圖像著色的整個過程。你們也將看到我是如何為場景添加光照效果的，同時還能學會一種簡單的方法使自己的畫作呈現出照片

的質感，而且還將領悟細節越多不一定越好的原因。

要跟上本次的創作示範，你無需是 Photoshop 的行家──事實上，在該示範中所形成的一些創作概念可以用於大家進行的任何設計項目。所以，請大家打開自己的軟體，我們開始吧……

➡▸

怪獸概念設計

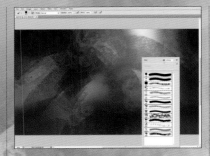

1 快速塗抹抽象圖形

對於這張圖像，我為它想像了一個瞬間場景。當我對於自己要創作的東西還沒有具體的想法或輪廓時，我喜歡非常粗略地、幾乎是非常抽象地進行塗抹。我試圖僅僅透過使用幾種不同紋理的畫筆在畫布上迅速畫出東西，邊摸索邊嘗試透過迷霧有所發現。一旦我認為自己找到了某種成形的東西，我就知道應該進行下一步了。如果一無所獲，我將按此方法繼續摸索直至有所收獲。在這一階段要身心放鬆，終究會有靈光閃現的，但有時這個過程會稍微漫長一點。

3 草圖成品

現在我對圖畫的結構表示滿意，無需對其進行重大改變了，所以我繼續向草圖大量塗色並快速為怪獸畫出臉部。或許過後還要進行修改，但因為這是整幅圖畫的焦點所在，因此在此快速畫些東西已確定畫作的基調十分重要。目前我要保持畫作的灰度——創作過程中盡早施以色彩會使創作程序簡化，而且能幫你集中精力創作良好的構圖。

5 對圖畫整體進行處理

我傾向於對圖畫進行縮小並從整體上對其進行處理。首先選出焦點區域對其進一步強化，然後再轉到下一處。這樣使我不至於過度困擾於一處從而能夠把握全局。我又加畫另一個人物，他正在被怪獸無比巨大的拳頭猛擊。我的確非常希望表現拳頭的衝擊力並完美描繪這場戰鬥。所以我暗記在心，在後邊的某個階段要添加更多的粉塵和飛濺的碟石。

2 構圖設計與概念成熟

我頭腦中開始呈現出圖像的面貌了，於是選擇標準的粉筆式畫筆對幾處進行潤色。我要畫一個憤怒的怪獸向一隻倒楣的探險隊投擲廢棄物。這可能是一個難題，探險隊的位置太低不易呈現。不過，在創作之初，細節並不重要——我只要保證圖畫的整體外形和構圖感覺良好並富有動感就可以，以後有足夠的時間進行細節處理和潤色加工。現在我只需要一個看似雜亂的草圖即可。我非常樂於為稍後的創作奠定堅實的基礎。

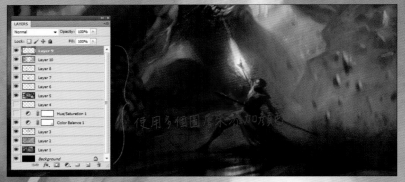

4 第一次刷色

數位工具使得著色非常容易。在此，我使用顏色圖層和疊加圖層相結合的方式快速為圖畫賦予生機並確定基礎色板。當然這並不一定是我想要的，但卻是繼續創作的紮實基礎。顏色的處理非常棘手，我發現整個創作過程都是如此——我以處理圖畫其他部分同樣的方式來解決顏色問題。

6 使用強烈的光照效果

我努力使光照效果強烈而誘人。這通常意味著要從讓人滿意的角度對主體投射強光，並形成良好的陰影。我覺得沒有必要對整個場景都使用光照效果——相反，我想使某些區域逐漸隱入黑暗或霧氣中。因此我嘗試以光照為工具來引導觀眾的目光並凸顯畫作的焦點部位。還有，光照也是描摹外形的最佳手段，所以如果某處感覺稍顯平淡單調，那就向其投射一些光線幫助其從畫面中凸顯出來。

Shortcuts
【快捷鍵】
反相選擇
Ctrl+Shift+I (PC)
Cmd+Shift+I (Mac)
快速在選擇區內部及周圍進行塗抹。

7 檢查構圖
我快速翻轉圖像（圖像 > 編輯 > 水平翻轉）以確定顛倒時它看起來是否正常。如果圖像結構完美，當處於鏡像或顛倒狀態時它應該依舊無可挑剔。通常在創作時我要翻轉畫布數次，以全新的角度審視畫面內容並檢查其中的失誤。我習慣於等到繪畫完全結束時才做出最後的判斷就此保存圖像還是製作鏡像，這的確沒有甚麼規則可循，而我只是選擇對我來說看起來最自然的那項。

8 增加光線
我新建一個曲線調整圖層將圖像上的一切都稍微加亮。然後，我就用黑色來填充圖層遮罩利用選中的柔性噴筆，我可以在遮罩塗抹白色來顯示加亮的圖層。這是一個能夠加亮作品中的某些區域而又不具破壞性的好技巧。這與其說是繪畫技巧倒不如說是圖像編輯技巧，但我信奉使用任何能創造出想要作品的工具。試試吧。

9 添加大氣層
我想創造點縱深感和規模效應，於是選擇了碩大的滴狀氣筆輕輕地隨機塗抹一些濃霧和大氣。這一切要在新圖層上進行，這樣如果塗抹過多可以輕而易舉地撤銷。同時，這也是控制對比度的一種方式——添加一個霧氣圖層能使它下層顏料的明暗度更加接近，從而減少對比度並將大氣層向後推到高空。利用該技巧，我可以選擇並前推圖像的部分區域，比如怪獸的膝蓋。

技法解密
動作面板是你的最佳搭檔

使用自定義動作能自動化完成很多耗時的任務。比如，如果你擁有一套喜歡用於具體任務的畫筆，要設置其為一鍵加載。另一個很好的例子是為畫布設置水平翻轉動作，我一直是這樣做的。當你發現同一個動作要重複千百次時，利用動作面板可以節約大量時間。

10 創造特效
對於怪獸魔力的爆發我創造了一些特效。我繪出 2D 模型並使用自由轉換工具（Ctrl+T）將其固定於需要的地方。然後，使用一些圖層特效和疊加圖層在其周圍隨意塗抹一番，使其呈現魔力四射的光輝。

11 添加飛濺的礫石
我嘗試在圖像中添加因果效應的巨大能量。我希望觀眾能夠感覺到怪獸揮拳所帶來的衝擊力，所以我塗抹了一些塊狀圖形並為其添加動態模糊（濾鏡 > 模糊 > 動態模糊）來創造出它們被向前拋灑的感覺。諸如此類的細小潤色的確可以使你的畫作產生照片般逼真的質感。

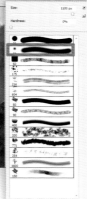

12 透視法繪製水坑
使用套索工具可快速選擇畫面區域並進行塗抹。這些地方便是地面水坑。它們有雙重功能：一是使地面更加生動形象，且背景中的小水坑具有將圖畫的空間向後拉動的效果；二是幫助創造一種 3D 空間的感覺。

13 使用電子照片

我喜歡將一些電子照片的元素零星地運用於圖像中。這些照片或是我自己拍攝或來自網路。它們可方便地為圖像的某些區域添加細節，否則自己繪製將相當耗時。這些節約時間的小技巧在創作過程中非常重要。

14 繪製沙塵和光線

此時，我在畫面中添加了更多的沙塵將圖像的左下角全部填滿，然後開始繪製從一側射入的強光。此處我使用疊加圖層來彰顯光滲的效果。我設想光線由怪獸揚起漫天飛舞的沙塵和礫石中透射進來，灑滿整個場景。這裡的平衡不好掌握——光線要充分彌散以顯示大氣的存在，同時又要足夠明亮說明此時為白天。

16 不要發揮過度

為圖像添加細節的同時我不斷提醒自己不要過度發揮。圖畫中的怪獸處於戰鬥狀態，儘管它的位置靠近鏡頭，但是你能看到多少細節呢？如果我瘋狂地將精靈法師的鎧甲的每一個細節都描繪得淋漓盡致，那麼畫面將顯得十分僵化和無趣。有時，你只需創造出某種印象，觀眾便可理解。

17 最後的衝刺

讓我知道創作即將結束的是收益遞減規律開始發揮作用。畫筆的描摹變得越來越不重要，最終整幅畫給人的感覺是如果再繼續描繪就有畫蛇添足之嫌。現在是將畫作擱置一兩天，過後再以全新的眼光審視它的大好時機。通常我希望發現一些想要修正的地方。

18 全新的視角

一天後，我對圖像的焦點——怪物的臉部和精靈法師——進行了最後的修整。這時不必再添加任何細節；相反，我要竭盡所能確保這些設計表現力極強而且彼此之間對照鮮明。當我對最後的修改感到滿意，整幅畫的創作也就宣告結束了。

15 潤色圖像

我開始覺得畫面各要素已經齊備而且彼此搭配合理。現在的主要工作是要對畫面進行潤色並對設計理念進一步發揮。於是我便為精靈的盔甲添加一些細部特徵並開始考慮如何潤色我的設計。該著手處理圖像的細微之處了——但同時我不斷地縮小圖像進行觀察以確保圖畫各要素搭配合理。

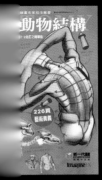
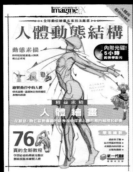

環境設計

掌握最佳圖畫的構圖規則

創作
示範影片
見光碟

❝瞭解真實世界的環境面貌有助於創作出更好的環境畫。❞

榮格・帕克（Jung Park），第 74 頁

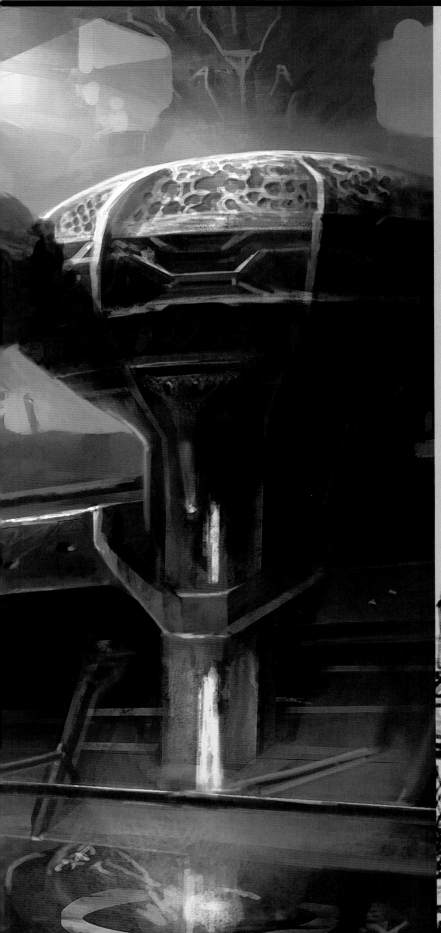

榮格 · 帕克

這位曾參與《戰神 3》、《星際戰鷹》和《激戰 2》創作的獲獎概念畫家榮格將展示如何為遊戲玩法的設計者創造獨具特色的遊戲環境。

創建一個令人興奮的、逼真的
遊戲場景。
請翻閱第74頁

創作示範

新穎獨特的遊戲世界的繪畫技法

學習如何創建有趣的
遊戲世界，第 82 頁

WELCOME
The STRIP

Photoshop & SketchUp

設計逼真的
遊戲場景

依據羅伯哈‧魯普爾在創作豐富多彩
而又細緻入微的場景時所展示的專家指
導，你將能使一條大街變成扣人心弦
的遊戲場所。

藝術家簡歷

羅伯哈‧魯普爾
（Robh Ruppel）
國籍：美國

羅伯哈為電影、
遊戲、主題公
園和印刷行業
進行繪畫設
計。他的客戶
包括 Naughty Dog 遊戲開發
工作室等。
www.robhruppel.com

光碟資料

你所需文件見光碟中
的羅伯哈‧魯普爾文
件夾。

認為概念設計就是設計一些幻想的
不切實際的問題的解決方案，而
且認為任何問題都是可以解決，
這是對概念設計的普遍誤解。概念設計不能
脫離現實太遠，因為大多數設計都有某種限
制因素。

《秘境探險 3：德雷克的騙局》就是一款現實
主義遊戲，其中的大部分場景都是以真實地

點為基礎設計而成的。在開始創作遊戲細節
之前我們做了大量的研究。我們這個場景以
葉門為基礎，在該場景中，玩家要跑步穿越
大橋但不能摔倒。設計師添加長長的欄桿為
標記，使遊戲玩法僅限於橋上，但沒有畫出
任何細節——這是我們畫家的工作。設計師
調整遊戲過程，我們則設法使其妙趣橫生。
該簡單模型叫做塊狀幾何，我們的大量工作

就是要使這些細節看起來鮮活生動、目標明
確、真實可信。

在本次示範指導中，我將向大家展示如何設
計遊戲場景。我首先創作粗略的構圖佈局，
然後添加一些紋理和背景細節，之後用光線
和背景來美化圖像。在此過程中，你將看到
如何透過添加細節使場景變得栩栩如生，並
使該場所顯得更加生機勃勃、人煙稠密。

1 創作草圖

在開始繪製之前，創作遊戲場景的第一步是要快速製作色彩略圖。這能使我對最終圖像所要求的氛圍、色彩、時辰和色調做到胸有成竹。這也意味著我不必花很長時間漫無目的地為圖像苦苦研究尋找恰當的面貌。既然顏色略圖已經完成，之後所做的一切都將目標明確。

2 勾勒紋理

現在開始粗略地勾勒一些紋理，但它們仍需修改：需要添加、刪除或重繪細節。創作平面圖有助於加快進度，利用一系列的轉換工具使它們"被加貼"——主要是自由轉換、透視和扭曲。沒有任何照片紋理是完全精確的，因此一旦它們"被貼上"，景深就需要重新調整。

3 添加更多紋理

此處你們可以看到左側大樓底部紋理的第一個通道，我在圖像的右邊也添加了一些。除了辛苦地添加並調整直至獲得你想要的效果之外沒有別的捷徑可尋。因此要有足夠耐心，因為你的辛苦終將獲得回報。

4 添加柵欄

對於鍛鐵打造的柵欄我的設計方案是：裝飾豪華但頂部尖銳使玩家無法逾越。首先我進行平面設計，一段柵欄創作完成之後進行複製並添加直至獲得足夠長度的鐵柵欄。接下來使用自由轉換功能來確定場景的視角。大家還可看到右側樓梯的起點。此處色調相當重要，如果這段樓梯的色調感覺逼真，稍後的細節添加將使它們更具真實感。

7 使場景燈光明亮

現在我可以打開之前添加的吊燈了。設置為顏色減淡的徑向漸變能夠創造出優美的燈光效果並增強整個場景的氣氛。一旦吊燈被點亮就會光芒四射，所以我需要為下方的人行道添加燈光效果。這一切可在設置為螢幕模式的噴筆圖層上完成。

9 將圖像平面化

繼續為樓梯添加更多細節，這時整個文件已經超過 1G。我對創作過程深感滿意，於是我將其製作成平面圖並重新命名，接著繼續添加更多的色階。將所有東西畫成平面圖的一個不利因素是當你將其置於透視中時，景深消失了。我又返回來為路面的鵝卵石及其邊緣增加了厚度。這些額外的步驟使整幅圖像充滿真實感。

技法解密
用網格作畫

創作過程中要不斷根據你的網格來檢查你的透視圖。事物的完整性和信度來自於彼此之間的和諧搭配，而這又依賴於你的網格所確定的消失點所構成的形狀。記住，這將影響到從牆體厚度到牆體紋理的一切要素。

5 環境阻光通道

接下來我為建築再添加一些細節特徵並繪出水管、橫梁和支柱。這些東西多數是由畫筆繪製，我要給它們添加一些光線和陰影。然後繪製環境阻光通道。阻光是指當兩個物體表面相接，雙方之間的光線反射越來越弱時所發生漸漸變暗的現象。我用噴槍在單獨的正片疊底模式圖層上簡單塗抹以獲得該效果。

8 創作汽車

我想創作一輛老式的歐洲型號汽車，於是我使用 Google 圖書館查找車輛並在 SketchUp 中進行簡單修改獲得最佳透視效果。所有的倒影和細節的添加將在稍後完成。繪製樓梯需要精確仔細，所以接下來我要專注樓梯繪製和透視效果的。我使用路徑製作透視並確定所有樓梯的密度以便準確地進行佈局。

10 場景修飾

到目前為止圖像只是一些平面圖形和紋理而已——它需要生機！通常程序是首先在平面圖形中作畫，再添加造型和紋理等等。最後再繪製一些經常在真實場合看到的釘子、箱子等其他物品。

11 添加更多細節

所有簡單幾何圖形都已經真實而完整地被我牢記在心後，我便著手為路面上的物體添加光照和細節。當然這一切都是不太精確地象徵性描繪，但給人的錯覺是路面上的東西好像遠不止這些。

Shortcuts
【快捷鍵】
扭曲模式

Ctrl+T，Ctrl（PC）
Cmd+T，Cmd（Mac）
打開轉換工具，轉換，然後按Ctrl/Cmd鍵翻至扭曲模式。

6 吊燈的繪製

以上部分完成後我就可以著手添加位於圖像左右兩側大樓之間成串的吊燈了。我要添加很多吊燈，因此現在還不能畫得錯綜複雜，電線由畫筆勾勒，我繪製一個燈泡然後不斷複製，這樣可使整個過程簡單易行，接著花些時間將它們準確地安放到場景中。在這一階段我還要考慮圖畫整體佈局的其他方面，並在汽車稍後駛過的地方的前景中添加一些陰影。

12 繪製磨損的道路

我繼續進行場景的修飾，這有助於使環境看起來更像居住區——因此也更具真實感。你可以看到路面上有些紙屑和別的垃圾，我還為馬路添加一些隱約可見的磨損痕跡。這一切要手工繪製。

13 處理路燈

現在開始添加路燈，步驟和之前相同。首先設計路燈平面圖，確定基本色值，然後將其加貼進透視圖，繼而添加造型、光照等等。還有一些場景修飾要處理——左側店鋪的電纜。對於電纜線我使用了同樣的步驟進行處理。

14 添加光照效果

此時的路燈在光照效果的作用下已經融入了整體場景中，它為圖畫增添了精美的造型。在此我特別注意保證視圖的逼真效果，因此在過程中我要從觀眾的角度來考慮問題。我使用轉換變形使電燈稍顯橢圓圖，使它看起來好像在我們的視線上方。

15 汽車的處理

現在該使汽車就位了。首先添加倒影——由於在藝術學院畫過很多汽車，因此這個很容易模仿。還要使車體兩邊的顏色變暗並增加光源照射時汽車的倒影。然後，以我的網格為基礎使透視圖添加位移，最終使汽車經過稍微改動後恰當地嵌入整個場景的視圖中。

16 添加遠處的細節

糾正了紅色遮篷的透視效果並開始添加遠處的細節，如廣告、海報和行人。所有這些都使得整個場景變得栩栩如生。這些東西都不能臆造或隨意繪製，因為那樣的話會降低畫面的真實感。很多畫家在處理這樣的地方時不遵守這個原則，結果最終作品看起來構思極差或給人半途而廢的感覺。我繼續添加遠處的路燈，同時確保它們逐漸消失在遠方但保持和前景處的路燈同樣高度。

17 手繪

現在要為圖像添加一伙站在街道上的人群和地面上的光照效果。大量的手工繪製使人物和場景結合非常完美。值得注意的是，任何參照物都不是完美無缺的——優秀的畫家會不遺餘力地處理細節問題。

18 配置人物

接下來，我在前景中再增加一個人物。我使所有人都向畫內觀望——他們的作用是充實畫面和烘托氣氛，而且這樣也可以防止觀眾注意他們的存在。這主要是一種對環境因素的考量。另外，這兒存在一種不易察覺的但我必須要遵從的三點透視。寬寬的筆劃突出了它而細節的描繪又強化了它。兩者你都需要！

Shortcuts
【快捷鍵】
找到圖層
V，Ctrl-click（PC）
V，Cmd-click（Mac）
在移動模式中，Ctrl/Cmd加
翠擊任何東西，能夠即刻找到圖層。

19 最終的圖像

當我完成對環境和前景人物的最後幾處潤色後，我的圖像創作宣告結束。這是顯示網格的最終圖像，你們可以看清網格和整幅圖像結構之間的關聯。完整性和可信度由於各要素之間的協調統一而無懈可擊，所以務必保證創作時的透視準確無誤。

Photoshop

創建遊戲場景

榮格・帕克 的專家指導意見將確保你的概念畫真正使你所設計遊戲的背景深受歡迎。

Artist 藝術家簡歷

榮格・帕克
（Jung Park）

國籍：美國

韓國出生的榮格已經在包括《激戰》和《戰神3》等一系列遊戲中擔任高級概念畫家長達8年。
www.jpconceptart.com

光碟資料

你所需文件見光碟中的榮格・帕克文件夾。

我 在 Sony 公司日常工作的一部分就是為電玩遊戲設計環境畫面。將我的概念呈現給外來客戶或 Sony 內部的藝術總監並非總是輕而易舉，但是最先提出新穎奇特的設計或創作出耳目一新、獨一無二的畫面卻容易成為整個遊戲創作過程中最具挑戰性的部分。沒有甚麼能比面對一張空白畫布更令人生畏的。

我相信任何成功的概念設計都始於想像的抽象圖形。我通常在畫布上用大筆到處塗鴉一番，來畫出環境的外形，但不能偏離客戶設計綱要太遠。塗抹抽象外形能幫你創作出多種多樣的概念畫，而對圖像構思太過細緻反而使你的進度變得緩慢，而且使你的畫作顯得僵化乏味。我想人物畫的創作也是如此，你要勾勒各種輪廓以觸發各種有趣的形狀。只是簡單的增減明暗度就能使你創造出景深的錯覺。

我的靈感來自於觀察照片和觀看電影以及研究有機體，瞭解現實世界的景物狀況有利於我們創作出更漂亮的環境畫面。在該示範中，我將使用不同的 Photoshop 畫筆和光照效果來輔助創作過程以限定圖像結構的空間和風格。

➡➡

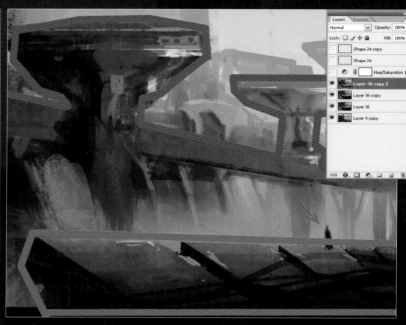

1 塗抹抽象圖形

在不放棄自己對圖像的基本概念的前提下，我使用大紋理畫筆在畫布上嘗試著塗抹一些抽象的圖形。紋理畫筆可以將畫布巨大的空白平面空間分布治之，我使用五六隻不同的畫筆來添加一些可見雜色。這一步使我對創作有了初步感覺。在這一階段，草圖的尺寸要小，這一點很重要。我很少放大圖像，相反，我喜歡從整體上來觀察圖形並集中精力創作大量的對比。

3 著色

我開始為黑白兩色的草圖添加一些顏色，我覺得一個能夠表現金屬材料顏色和鏽跡斑斑的青銅材料顏色的色板更適用於我要創作的蒸汽龐克工廠的環境。我還引入了一個人的身影來顯示建築物的規模。如你所見，我已經在圖層上完成了背景、中景和前景成分的描繪，在繪畫時我將這些方面分開完成，因為這樣更容易看清圖像的景深。

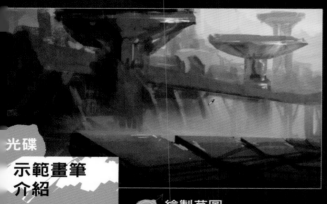

2 繪製草圖

在勾勒了一些抽象圖形後，我開始粗略地繪製場景。我最喜歡的魔幻背景是蒸汽龐克，而且我渴望根據這個題材來創作點東西，所以我決定描繪一座火山熔岩加工廠的外觀。我對自己現有的草圖相當滿意，因為我早已畫好各種各樣的大中小型圖形。當你們要開始創作圖畫時很可能也非常希望擁有一些大小各異的圖形來把自己的環境創作的生動有趣。我對這些圖形的佈局非常滿意。有時候這些圖形還會決定圖畫面貌的大小，但在這一階段我不會鎖定於這一設計。與停滯於目前的設計相反的是，我要繼續嘗試畫面的描繪直至獲得能進一步發揮的草圖。

4 加強畫作的基調

現在圖畫所呈現的顏色本質上講還是單色，所以我想為其引入一些工廠底下投射過來的暖色。這是一座處理炙熱火紅的熔岩材料的工業建築，所以我主要採用黃色、橙色以及金屬般陰影。這些東西加強了畫作的基調並使它獲得顯著風格。在此，我已將網格疊加到我的圖畫之上以保證透視準確無誤。缺乏現實感會嚴重損害畫作的意蘊。如果我現在不將透視效果進行檢查，那以後就必須浪費時間予以糾正。

5 繪製管道細節

很多現代化工業建築都以管道密布為典型特徵,所以我開始為工廠的外部環境添加一些管道使圖像更顯真實。以前我已經注意到工業建築大多由巨大構件建造而成——小部件明顯缺乏,而管道的添加填補了這個空白。我不斷翻動圖像查看失誤以確保良好的構圖平衡。

7 涉足焦點的處理

我注意到這幅圖像沒有焦點。所謂焦點就是需要對比度更強的區域,同時也是我希望觀眾首先看到的那個部位。焦點必須非常吸引目光且耐人尋味。於是我給穹頂機器中滴下的火山熔岩添加耀眼的光亮。我可以借此傳遞一個信息:這個位置是熔岩加工區。能夠感覺出何時該用何種不同的畫筆永遠非常重要,那樣的話,你對畫筆的運用就游刃有餘了。這兒,我使用了軟雲煙畫筆來創造熔岩的煙霧。

6 為圖形製作遮罩

在創作時為各種圖形製作遮罩非常重要,因為這樣可以節約時間,同時有助於創造乾淨柔和的圖形邊緣。這是大家應該養成的好習慣。或許你認為這道工序耗時太長,無聊至極,但

8 變形工具

打開透視網格能幫助我找到錯誤之處。收割機上的橢圓構件似乎離得有點遠——我想讓它對比度更強。於是我使用了扭曲工具來予以矯正(編輯

9 檢查導航面板

一旦我對自己的進度表示滿意，便開始將圖像放大並為我想進一步處理的所有區域添加細節。這一階段，打開導航面板很重要。否則，你可能對某些區域處理過當而打破畫面的平衡。即使是繪製一些細枝末節的東西，也要做到顧全大局。另外，我還要保持繪圖區域的明暗度不變，否則將使整體明暗結構發生紊亂。

11 變亮模式圖層

我希望在背景中多添加一些滴落的熔岩，所以我複製圖像並將其縮小。之後，我選擇圖層的變亮模式來為其背景添加雜色，這比重新繪製一股熔岩流要節省很多時間。當你想要凸顯某些光亮區域時這種創作技法可助你一臂之力。

10 添加來自現實世界的細節

現在我意識到圖像中棱角分明的硬邊圖形太多，於是我添加一些諸如電線、螺栓和圍籬之類的東西作為裝飾。這些裝飾物會使我的畫作生機盎然。在添加這些裝飾物的同時，我仍然試圖保持圖像的焦點不變，並使其他區域彌散在整體環境中。

12 使圖像更富動感

在開始創作本圖像時，它只有兩點透視效果。我覺得這樣的圖像動感不足，於是我利用扭曲工具將整幅圖像變形成為三點透視（編輯 > 變換 > 扭曲）。這樣便產生了更具活力的相機效果，現在，觀看者本人就能有身臨其境的感覺，並仰視工廠全貌。

Shortcuts
【快捷鍵】
曲線對話框
Ctrl+M (PC) Cmd+M (Mac)
當你要改變圖像的亮度和對比
度時，該快捷鍵可以實現
快速屏顯曲線對話框。

13 繪製光束

現在我依然感覺圖像的環境部分太過昏暗，因此我決定為其引入另一處光源。我用柔性畫筆繪製了五個點，然後將其變形並使其看似垂直光束，以創作來自天空的光線。此處我又一次將圖層設置為變亮模式並擦除光線無法達到的部分。這樣圖畫看起來更加自然逼真。透過這重方式我可以在收割機上方添加幾處漂亮的高光，這使的整個圖像的空間和面貌煥然一新。

15 接近尾聲

為了使整座建築看起來更加氣勢宏偉並降低其空曠感，我在工廠地面之上的高空添加了幾座高架橋。儘管是在最後階段才添加的，但我仍然試圖利用適合於該區域的明暗度將其畫得若隱若現。在我的創作即將結束之時，我發現圖像輪廓過於清晰，雜色太多。於是我使用濾鏡的特殊模糊工具柔化部分物體邊緣，同時還擦除了部分需要邊緣更加乾淨整齊的區域。

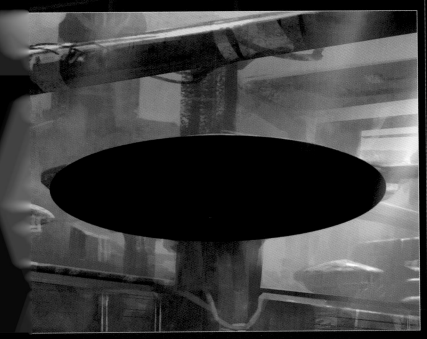

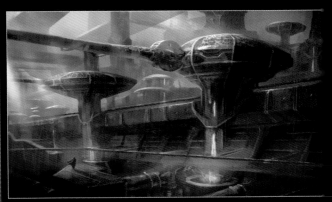

16 大功告成！

經過 8 小時的艱苦努力，我對圖像的最終效果十分滿意。既然我已經畫完了工廠的一部分區域，我便能利用不同的視點對該工廠的空間進行更多的設計。比如，創作從工廠上部的俯視圖將囊括工廠周邊的田地，那將創造出一幅截然不同的圖畫，但這副圖畫仍然忠實於創作一個熔岩加工廠的原始

14 使用選框工具

之前我已經提到了繪畫中硬邊和軟邊的重要性。因為收割機是我的主要焦點之一，我希望它穹頂上部的邊緣顯得更加棱角分明。於是，我選擇了橢圓形選框工具並將其準確置於想要

自然光可以造就對比度，這使我能夠在某些區域放置陰影，在必要之處吸引觀看者的注意力。

Photoshop

創造風格獨特的 視覺效果

Artist
藝術家簡歷
斯蒂芬·馬蒂尼爾
（Stephan Martiniere）
國籍：美國

斯蒂芬擔任 Id Software 遊戲開發公司最新一款遊戲《狂怒》的藝術總監。
www.martiniere.com

光碟資料

你所需文件見光碟中的斯蒂芬·馬蒂尼爾文件夾。

斯蒂芬 · 馬蒂尼爾 向我們透露激發出《狂怒》中匠心獨具的概念畫的幾個重大元素。

在《狂怒》的後半部分，我希望引入點視覺上不同尋常的東西。隨著遊戲情節緊張度的加劇，我渴望使遊戲環境能夠反映這種緊張度並給玩家帶來危機四伏之感。前期遊戲中晴朗蔚藍的天空慢慢發生了變化，開始烏雲密布，給人以不祥之兆，而沙地顏色也由米黃色變成了紅色。我還希望使遊戲場景的視野更加開闊並引入一些別的遊戲世界中未曾使用的元素，同時要強化遊戲中世界末日後的氛圍。我的創意始於想像中海床的乾涸、海岸線的毀滅和船塢的廢棄。一片輪船基地似乎是個不錯的創意：大批掩埋在黃沙之下的貨船殘骸將替代峽谷崖壁，給玩家帶來一種全新的視覺體驗。這張特別的繪圖是首次引進並嘗試透過如氛圍、光線、紋理和細節等視覺語言來限定《狂怒》的第二部分。這幅圖畫同時也是對故事敘事方式的探索，我開始考慮遊戲的視覺效果和玩法之間錯綜複雜的聯繫，這樣一來，視覺語言不僅可用於美學，同時也可用於表達一種更為廣泛和彌漫的沈浸感。

自然光

自然光

視覺流

在《狂怒》中，你可以走、跑、戰鬥或射擊，你還可以駕車。所以創建能使玩家快速理解並駕御遊戲環境的圖像結構非常重要。另外我還使用了多種船體碎片來創造視覺上多元化的物體大小和外形。這使得該遊戲區域顯得自然而誘人。

研究與參考圖片

創作的第一步是要做些研究。我花幾天時間搜集可供參考的輪船與沙漠的圖片，以及其他一切與我想像的場景相關的東西。我從不想當然地去做任何事情。儘管網絡或刊物有一些精美絕倫的圖片可供參考，但我一直在尋找那些使我耳目一新並激發靈感的東西——對玩家也是如此！

如此創作
金屬大峽谷

1 警示牌
塗鴉和標牌是《狂怒》場景中的重要組成部分：它們是遍布該地的許多匪幫的領地標誌。從遊戲玩法的角度來看，它們可以給玩家提供線索或警示，但同時也給場景的單一色調添加了一些色彩特徵。

2 車輛活動
其他細節比如輪胎印跡也是指引玩家前進方向的很好的視覺線索，同時也意味著人類活動的存在。另外一些細節如油污或垃圾則充實了場景內容並增強了遊戲的真實感和故事性。

3 限定規模
我總是用一個人物或一個可識別元素來確定場景的規模。有時場景非常複雜，或許就需要幾個元素。

Photoshop
構思遊戲世界

喬‧薩納夫里亞 解釋說，速繪對於給遊戲創作團隊指明方向來說極其重要。

創 作一部如《異塵餘生：新維加斯》那樣的現實版遊戲會對創作者提出一些奇怪的要求。作為藝術總監，我的職責是為創作團隊指明方向，決定遊戲的最終面貌並以此作為大家共同奮鬥的目標。在遊戲的創作過程中，依靠源自於如Flickr、雜誌和DVD等多種資源的視覺參考來表達思想的做法非常普遍。

然而，有時需要更直接的圖片來傳達正確信息，這樣，快速創作概念畫對於確保整個團隊的正確方向來説通常會有奇效。在本創作展示中，我將詳細介紹《異塵餘生：新維加斯》中 Strip 主入口處的概念畫創作程序。還要展示創造玩家在遊戲過程中看得見的佈景的重要性。這對於使整個創作團隊能親眼目睹、親身體會遊戲的最終玩法來説很有用處。

Artist 藝術家簡歷

喬‧薩納夫里
（Joe Sanabria）

國籍：美國

喬是一位從業於電玩遊戲長達15年的經驗非常豐富的畫家。在放棄大學物理學專業後，他移居南加州專注繪畫創作。目前喬擔任 Obsidian Entertainment 的藝術總監，忙於《輻射：新維加斯》的創作。

Joesanabria.blogspot.com

光碟資料

你所需文件見光碟中的喬‧薩納夫里亞文件夾。

1 以玩家的視角來設計

創作的第一步是繪製草圖，為了接近真實的遊戲場景，我使用 1080 像素的四分之一大小創作了一張新圖畫。我的目標是從玩家的視角來構思關口，鑒於時間限制，我需要集中描繪關鍵部位而非繁瑣的細節。

2 構建佈景

我依據傳統的三分構圖法將焦點置於圖畫右上角的四分之一處。在初期我要考慮如何生動有趣而又引人注目地來勾勒標示牌的輪廓。在快速、粗略地將我的構思繪製成圖時，我極力避免在細節問題上過度糾結而耗費創作時間。

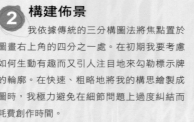

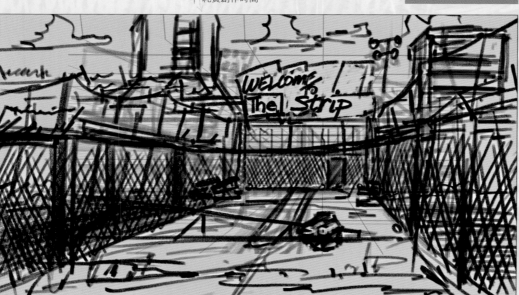

3 透視效果處理

一旦我對草圖的初級佈局及構成要素表示滿意，我便建立新的圖層，然後選擇漸變工具並使用一個默認設置來繪製光線漸變以確定地平線的位置。另外，我鋪設彩色塗層來製作適合於遊戲佈景的色板。這時，我在單獨圖層上繪製透視網格，並將其設置為低不透明度的正片疊加混合模式。現在我利用網格作為導引來使整幅圖畫保持結構合理佈局得當並開始作畫，真正的樂趣出現了。

4 添加紋理

多年以來，我發現預設工具對於為概念畫添加紋理和細節來說非常方便，是在圖層中使用疊加照片的現實替代品。創作展示中有大量的預置工具可供使用，它們也可以在網上找到。當然，自己花點功夫來製作同樣也很容易。對於本示範我首先利用數位照片，在該案例中表現為一塊混凝土上的油漆點。

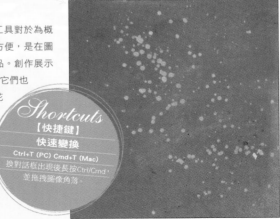

Shortcuts
【快捷鍵】
快速變換
Ctrl+T (PC) Cmd+T (Mac)
換對話框出現後長按Ctrl/Cmd+
並拖拽圖像角落。

5 設定源圖像

我將圖像顛倒並在通道面板中選擇最高對比度通道，之後全部選定、建立新圖層、塗抹通道選項，將新建圖層的疊加設置為混合模式，最後將兩個圖層合併。現在我刪除顏色並將其轉換為灰階：單擊圖像 > 調整 > 色相／飽和度（Ctrl+U），將飽和度降至最低。為給它增加一些凸顯效果，我將 USM 銳化進行如下設置：數量 127，半徑 1.0，擴散值 2，並用來銳化細節。

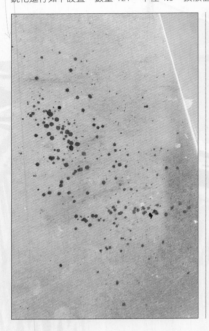

技法解密
使用預設

工具預設是 Photoshop 中許多的暗藏寶藏之一。透過使用預設，畫筆工具能夠進行更加複雜的操作：縮放比例、雙重畫筆、散布設置等等。比如，人造樹理筆在創作紋理或細節時表現極佳，如果使用得當還能使你快速塗抹細節，而無需在很多筆劃上擦來擦去。

6 理順紋理

為清除背景中的其他雜色，我單擊選擇 > 色彩範圍快速創建選區，然後選擇吸管工具並單擊油漆點。將模糊性設置為足夠顯示細節但不顯示無用的混凝土紋理。

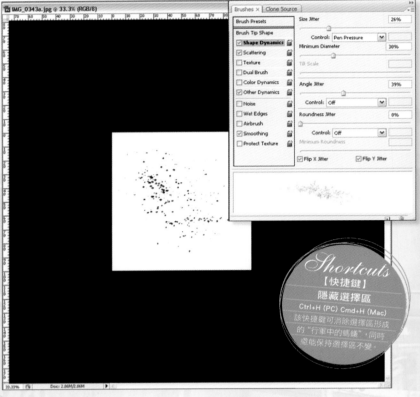

Shortcuts
【快捷鍵】
隱藏選擇區
Ctrl+H (PC) Cmd+H (Mac)
該快捷鍵可消除選擇區形成的"行軍中的螞蟻"，同時還能保持選擇區不變。

7 創建畫筆

我將選區翻轉並填充白色，然後用基本畫筆清除所有壞點。之後，單擊圖像 > 調整 > 色階以微調對比度並直至出現高濃度黑色。此時的圖像很大，所以我要將畫布設置為 1000x1000 像素，然後全選 > 編輯 > 定義畫筆預設並命名。新畫筆立即出現在畫筆面板，隨時可用。

8 調整背景

現在我要創建一個 1920x1080 像素的新文件來測試新畫筆，並進行各種設置直至效果令人滿意。我希望獲得能夠創造新穎的圖案和紋理並能使我的創作更加快速和隨便的區域設置。最終我獲得了此處所展示的效果。另外，在散布選單設置散布為 30%，數量為 2，其他動態的不透明度和流量抖動設置為鋼筆壓力。

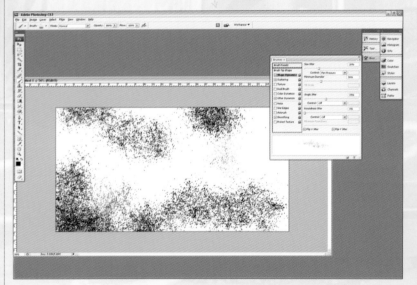

9 執行畫筆管理

我將畫筆保存為工具預設，然後在面板選單選擇新工具預設並命名。當你創建其他工具預設或者對其保存時，最好是對它們加以整理，暫時刪除那些礙事的工具。這樣可保持你的工作區乾淨整潔，使你能夠集中精力進行創作。

12 設置光照效果

在為圖像添加細節的同時，還要為其確定光線方向，並開始設置明暗度，這樣能為佈景創造景深並幫助在空間上將不同元素分開，通常我發現這樣做很有好處。

13 管理圖層

喝了幾口咖啡，片刻之後，圖層開始越來越多。儘管將所有構圖元素置於一個單獨圖層能給我帶來很多方便，但同時也較難管理。於是我使用一個幾乎不為人所知的快捷鍵：按下 V 切換至移動工具，然後按 Ctrl 並單擊要編輯的區域——Photoshop 將自動切換到像素圖層。這使我省卻了給圖層命名並分組的麻煩，這樣我便能全心關注工作區並使創作過程保持順暢。

技法解密

圖像焦點

無論何時只要可能，請盡量使用場景中的其他元素來吸引觀眾進入畫面並利用這些元素幫助構建穩固而全面的圖像結構。

14 翻轉畫布

在我充實細節時，我不斷地垂直或水平翻轉畫布以發現問題或錯誤，以便於能夠及早予以糾正。翻轉圖像也是觀察你的作品的極好方式：翻轉可以為你全新的視角，並迫使你以不同於初始草圖的眼光來看待它。

10 繪製大圖形

利用幾種不同的畫筆工具預設，我創建新圖層並開始進行塗抹，同時使用方括號 -[和]- 來更改筆尺寸以改變紋理樣式。然後選擇整個圖層，打開變換工具（Ctrl+T），右擊變換包圍盒。在下拉菜單中我選擇扭曲，利用網格獲得恰當透視，然後嘗試不同混合模式和不透明度設置直至獲得滿意的效果。該程序反復重復直到所有的大圖形全部繪製完成。

11 處理圖像細節

既然所有重大圖形都已設置無誤——明暗度、邊緣、顏色等等——我開始將大圖形進行拆分成小塊，接著首先處理最大的細節，依次類推直至最小的。我調整透視網格的不透明度使其更加明顯以便以加強圖像對比度，只有這樣它才能更清晰可辨。在此過程中，我不斷地放大縮小以保證圖像中的主要成分不被雜色所遮蔽，而且圖像依舊保持清晰。

15 最後衝刺

在我的創作過程由關注最大細節逐漸轉向關注最小細節的過程中，我通常會不斷對其放大或縮小。到達回報遞減節點時，我決定創作到此結束。現在我準備再添加幾筆予以收尾。我對一些背景和前景中的圖層實施銳化，而對另一些實施柔化，以創造圖像的景深和焦點。對對比度和色彩進行一些全面調整後，圖像創作大功告成。此時，我感覺自己的概念設計充分表達了遊戲裝備的預期面貌以及它們與遊戲環境之間的聯繫。現在我可以和我的概念揮手告別了，因為它已經非常令人滿意地實現了預期目標。現在它只等環境畫家將其從平面變為立體並最終將其搬進電玩遊戲了。

造型設計

學習概念畫的各個組成要素，掌握如何
相互匹配構成統一設計方案的技巧

創作
示範影片
見光碟

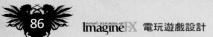

> 66 島民已經大禍臨頭，現在該是他們唯一的希望內特・麥克里迪（Nate McCready）挺身而出拯救這個時代的時候了。99

馬特・奧爾索普（Matt Allsopp），第100頁

馬特・奧爾索普

作為自由職業概念畫家，馬特・奧爾索普曾創作了《神鬼寓言3》和《殺戮地帶2》等知名遊戲。在此，他向自己的概念設計中注入新思想以展示如何為一款新電玩遊戲設計推廣方案。

匯集你所有的設計圖來呈現電玩遊戲的場景。
請翻閱第100頁

創作示範

整合遊戲設計方案

設計一個獨特的環境，第92頁

Photoshop

四期創作示範之（一）

設計遊戲中的主角

克里斯蒂安 · 布雷弗里 將帶你從遊戲中的英雄開始入手，瞭解他對預期的電玩遊戲的構思過程和概念設計。

Artist 藝術家簡歷

克里斯蒂安 ·
布雷弗里
（Christian Bravery）

國籍：英國

克里斯蒂安經營著一家為電游和娛樂產業提供人物與環境概念設計的繪畫與設計公司 Leading Light。www.leadinglight design.com

光碟資料

你所需文件見光碟中的克裡斯蒂安 · 佈雷弗里文件夾。

對於"概念畫"這個術語有太多的討論和太多的誇張之辭，致使它幾乎成了陳詞濫調。在這次共分四部分的專題示範中，我將試圖為嶄露頭角的畫家們揭開概念畫創作的神秘面紗。

事實上，早在 Imagine FX 的第 40 期，我就設計過一款名為黃蜂直升機的未來主義的飛行器（見光碟內我的創作示範影片夾）。在本期當中，我將設計黃蜂直升機的飛行員，他也是我們遊戲的英雄角色——鑒於此，他便是一個必須設計準確的重要人物。

首先我必須遵照適合於該示範系列目的的虛構創作綱要，而該示範系列同時也反映了 Leading Light 公司的創作團隊通常所依據的商業宣傳綱要。這就意味著我可以使大家充分領悟電玩遊戲產品設計的各階段的真諦，而不是簡單地費盡心機創作一幅缺乏相關情境即遊戲大背景的漂亮畫作。

一旦團隊拿到創作綱要，第一件事就是要設計與構思遊戲故事的所有關鍵要素。在本次指導課的四期示範中我將對這些要素進行拓展，因此你們有望看到我設計創作的主要飛行員、一個村落以及它所在的熱帶群島的位置，還有遊戲中的敵方——對村莊發起攻擊

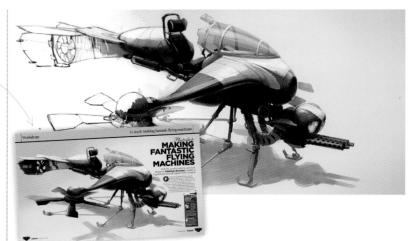

的怪異而巨大的昆蟲。而我最終的任務是要創作一幅關鍵時刻的造型插圖，它要將所有要素融為一體，描繪我們的英雄和入侵者之間的戰鬥。

每期 Imagine FX 月刊上都會發表很多優秀的創作展示，而且多數都詳述繪畫過程與收尾技巧。為了不落窠臼，我想努力使大家洞悉我的構思過程，以及一些人物設計的前期準備性技巧。那麼，開始吧！

展示創作綱要

這份產品的設計綱要是為一部發生在不遠的將來的科幻探險遊戲而設定的。部分故事情節會將玩家帶到一個與世隔絕的熱帶群島。該場景的展開始於我們的英雄正在小憩的一個小漁村。猛然間，整個村落突降連連怪事，最終被大量怪異而巨大的昆蟲入侵，他們要不惜一切代價將這個村莊吞噬。我們的英雄被迫投入站鬥拯救這個村莊。背面便是客戶提供的最初創作綱要。

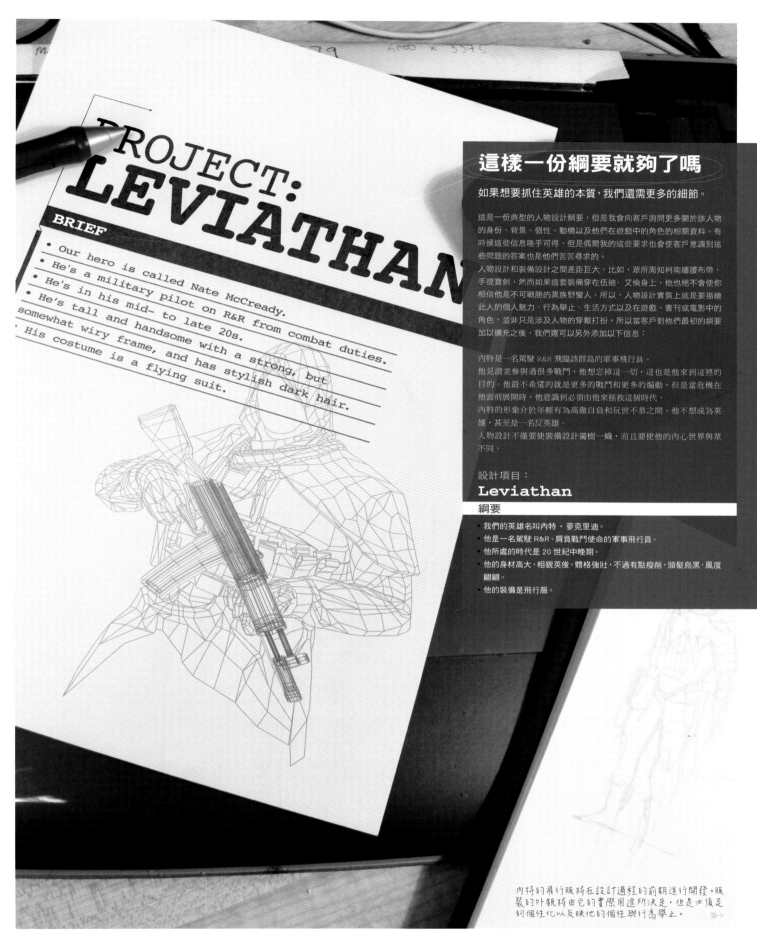

PROJECT:
LEVIATHAN

BRIEF

- Our hero is called Nate McCready.
- He's a military pilot on R&R from combat duties.
- He's in his mid- to late 20s.
- He's tall and handsome with a strong, but somewhat wiry frame, and has stylish dark hair.
- His costume is a flying suit.

這樣一份綱要就夠了嗎

如果想要抓住英雄的本質，我們還需要更多的細節。

這是一份典型的人物設計綱要，但是我會向客戶詢問更多關於該人物的身份、背景、個性、動機以及他們在遊戲中的角色的相關資料。有時候這些信息唾手可得，但是偶爾我的這些要求也會使客戶意識到這些問題的答案也是他們苦苦尋求的。

人物設計和裝備設計之間差距巨大。比如，眾所周知柯南纏腰布帶，手提寶劍，然而如果這套裝備穿在伍迪‧艾倫身上，他也絕不會使你相信他是不可戰勝的異族野蠻人。所以，人物設計實質上就是要描繪此人的個人魅力、行為舉止、生活方式以及在遊戲、書刊或電影中的角色，並非只是涉及人物的穿戴打扮。所以當客戶對他們最初的綱要加以擴充之後，我們還可以另外添加以下信息：

內特是一名駕駛 R&R 飛臨該群島的軍事飛行員。

他見證並參與過很多戰鬥，他想忘掉這一切，這也是他來到這裡的目的。他最不希望的就是更多的戰鬥和更多的煽動，但是當危機在他面前展開時，他意識到必須由他來拯救這個時代。

內特的形象介於年輕有為高傲自負和玩世不恭之間。他不想成為英雄，甚至是一名反英雄。

人物設計不僅要使裝備設計獨樹一幟，而且要使他的內心世界與眾不同。

設計項目：
Leviathan

綱要

- 我們的英雄名叫內特‧麥克里迪。
- 他是一名駕駛 R&R、肩負戰鬥使命的軍事飛行員。
- 他所處的時代是 20 世紀中晚期。
- 他的身材高大，相貌英俊，體格強壯，不過有點瘦削，頭髮烏黑，風度翩翩。
- 他的裝備是飛行服。

內特的飛行服將在設計過程的前期進行開發。服裝的外貌將由它的實際用途所決定，但是必須足夠個性化以反映他的個性與行為舉止。

造型設計

① 創造人物形象

我開始著手收集從一戰時期的飛行員服裝樣本到目前的太空服等飛行服圖片，但要極力避免參考當前娛樂業的服裝設計或虛構的服裝設計，否則很快就會陷入不斷複製的怪圈，這顯然是大錯特錯的。一旦有了參考圖片，我就開始創作一套彩色略圖，目標就是要盡早地完成服裝設計和色彩方案。在此，我從不同時期的服裝中汲取靈感，利用參考圖片外加我的想像來構思一系列可供選擇的服裝樣式。

② 真實姿勢的好處

在列出來一個服裝的候選名單之後，我邀請我的得力助手馬特來負責塑造人物形象。對於需要現實感很強的設計任務我就使用相機來捕捉人物姿勢。雖然這並非永遠行之有效，但在這一案例中我發現給人拍照能夠捕捉到人物的微妙之處。憑藉記憶繪製人物姿勢的危險在於會陷入重復自己偏好的姿勢致使圖像真實感不足，程式化有餘。

③ 捕捉幾個動作鏡頭

我將佳能 50D 相機設置為運動模式並進行拍攝，我想使攝影模特兒處於走動的狀態，並在拍攝時對其予以指導，同時保持相機左右移動。我所獲得的畫面充滿了動感和生機，這是多數姿勢化攝影所缺乏的——如果模特兒能夠自由運動，那麼所獲得的動作鏡頭將會非常有用。我可以透過讓模特兒從空中一躍而下、一路小跑等方式來獲得比預先擺好姿勢再進行拍攝所獲得更佳的畫面效果。

④ 用鉛筆定稿

我將拍攝效果最好的照片加載到 Photoshop 中。有時候我會直接對其進行處理，但在本案例中，我想在人物姿勢設計和裝備設計之前先行素描，於是我開始使用鉛筆作畫，並以我的畫室收藏的圖片為姿勢參考，以搜集整理的圖片為飛行服設計的細節參考。我精選參考圖片的不同創作元素，將其與我的構思相結合但同時將創作焦點集中於表現人物行為舉止並將這一理念貫穿於每個設計方案中，據此我一共繪製了三幅圖片。最後選取其一進行掃描，這就是我要作為最終圖像繼續予以處理的那張素描畫了。

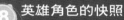

5 致力於一種色彩方案

現在完成繪圖創作的所有要素均已準備就緒，接下來便是畫底色。這要以先前的彩色略圖為基礎進行，同時為接下來的細節描繪提供創作基礎和色彩方案。對於這一階段，我在 Photoshop 中打開選定的素描畫，添加乾淨的新圖層，並快速塗抹灰度陰影作為正片疊加圖層。然後再添加一個圖層，設置為顏色加深並快速添加顏色。此時，我會在確定最終色彩方案之前設計了多個備選方案。這種創作方法可使灰度陰影圖層與顏色加深圖層相互匹配，並為我提供一條快速為細節上色的捷徑，同時也是快速嘗試不同顏色選項的另一絕佳方式。

6 使你的人物令人過目不忘

一位偉大的藝術總監曾說過，一個優秀的人物設計應該是一個八歲的小孩僅看一次就能畫出的那種。雖然這句話並非適用於一切設計，但卻是應該牢記的箴言。在此我將幫助大家將你的設計和別人過多過濫的設計區分開來。我想在這幅圖像中使用一戰時期的飛行員所佩戴的典型白頭巾作為基本圖案。這樣做原因有二：其一，它可以勾起人們對那段逝去的早期飛行歲月的追憶，從而激發人們對英雄們英勇無畏的精神的強烈感情；其二，將頭巾的標誌性白色變成紅色，使他作為獨特的人物形象更加突出，但同時又清晰地保持了他飛行員的身份。

7 渲染最終圖像

隨著細節設計和色彩方案的完成，現在問題是要把每個要素插入圖像將其渲染成所要求的最終稿件。在塗抹構成人物形象的每件素材時，我要花些時間考慮紋理、環境及局部色彩，還有光照區和陰影區的安排。

8 英雄角色的快照

這部分內容以對遊戲主角內特的姿勢和神態做一番評價來結束。我竭盡全力充分表現一個精神世界困擾不斷的人物的外貌特徵。希望任何人都能一眼看得出他是個有著灰暗經歷但卻勇敢無比的人。在此處我將他描繪成目不轉睛正視前方的姿態——顯然他若有所思、表情憂鬱，但姿態卻很堅定：他就是此刻的英雄，一個意欲奮起迎接挑戰的勇士。這絕非只是裝備設計那麼簡單，他是一個感情豐富、有血有肉的人！

Photoshop

四期創作示範之（二）

設計遊戲中的環境

在完成遊戲的主角設計之後，克里斯蒂安 · 布雷弗里將創作的接力棒交給了皮特 · 阿馬斯雷，由他來創作外星島嶼環境。

藝術家簡歷

皮特 · 阿馬斯雷
(Pete Amachree)

國籍：英國

皮特從業經驗十分豐富，他曾就職於 Electronic Arts、Lion-head Studios 及 Blade Interactive 公司。他成為概念畫家已達 5 年。

www.peteamachree.
deviantart.com

光碟資料

你所需文件見光碟中的皮特 · 阿馬斯雷文件夾。

之前，克里斯蒂安已經完成了遊戲主角內特的人物設計，他在最近的軍事行動結束之後進行休養期間遭遇了外星異族的圍攻。這一切發生在一個遙遠星球上的一處熱帶島嶼上。我的設計也將從此入手。我的創作綱要是要打造一個坐落於這個植被茂盛、遠離塵世的群島上的貧窮落後的小漁村。內特正是在這裡第一次遭遇到可怕的外星人。本頁的反面便是客戶對於該遊戲背景設計的綱要。

我首先要構思的就是群島，儘管科幻給了我們脫離真實世界的創作自由，但我覺得我要將我的設計限定於真實世界，將島嶼建立在我們司空見慣的岩石構造之上。我認為，當創作者的一隻腳堅定地矗立在熟知的世界，而另一隻腳則踏入難以預料的未知世界時，你的想像最為豐富。

所以，這個漁村的居民在哪兒居住？他們傳統的、基本的生活方式排除了任何宏偉壯觀的設計甚至那些早已約定俗成的場景。事實上，他們的生活環境必須反映他們極不穩定的生活狀態。

從美學的角度講，在設計風格上我發現像在巴西看到的那種棚屋林立的小鎮或棚戶區給我提供了豐富的值得借鑒的東西。這些破舊不堪的地方都是自發形成的，沒有任何城市規劃者的引導。由於高品質的建築材料極度稀缺，所以房屋建造就需要別出心裁。

而且，從俯視的角度看，我為該設計項目所搜集的充斥棚屋的小鎮的源圖片中有很多都有強烈的水平方向的偏差：房屋上波紋鐵皮製成的平頂向遠處傾斜著。這些東西如果用於我正在創作的圖像的構圖，設計效果會相當不錯。

原始素材

在為客戶創作概念畫時，皮特提出了一個彌足珍貴的建議……

在本創作指導示範中，我試圖向大家展示做研究和從意料之外的地方汲取靈感的重要性。如果時間允許，請向你的客戶出示盡可能多的原始素材。粗略的草圖將代表你即將從事的創作方向。而源自網絡或自己的照片集中啟發性圖片的情緒收集板將為你要講述的故事增添清晰度。這種基礎性工作總是值得耗時去做的，而且它還有助於你的項目順利進行。

設計項目：

Leviathan

綱要

戰鬥發生在一個坐落於熱帶群島上的小村莊及其周圍地區。遊戲背景是地球遙遠的未來，或者在一個外星球上。所以你的想像可以放任不羈、天馬行空。力爭有所創新——給予天堂般熱帶地區的典型圖片以全新視角，但要注意你的創作必須使人一眼便能識別它的原型。記住，你要創作的是一個真實的、自然的物質世界，最重要的是它必須讓人感覺真實可信。

我在這裡非常粗糙地描繪了整個場景的視角。

這就是村民們本性喜歡撿拾破爛的證據。在這幅畫中，海裡撈出的廢棄物被村民用來幫助建造房屋。

我竭盡全力呈現出村民們使自己的房屋適應周圍環境的各種方式——在這幅圖片中，環境就是那些天然的層巒疊嶂的岩石結構。

造型設計

① 準確設計基本構造

在這一階段，我不會注重任何細節創作，我只會簡單地勾勒出構成圖像的較大部件並確定光源。通常這樣的一幅草圖足以確定遊戲場景，同時也為客戶提供自己構想的機會。從構圖來看，前景的小島邊緣及其陰影與相鄰的小島提供了一個漂亮的框架，這將是圖像的主要焦點。此處出現了水平方向的偏差，圖畫將被按照色調分割為非常明顯呈水平方向的帶狀結構，以此使圖像表現流暢並將水天一色的浩瀚空間一分為二。

② 添加顏色

一位大學老師曾經告訴我沒有甚麼東西比一張空白畫布更令人恐懼，這或許是別人給我提出的最好建議。由於對此銘記在心，所以我便不假思索地在畫布上塗抹了一些非常基礎的顏色。然而，這樣做儘管多少地強化了圖像的色調安排並粗略地勾勒出一些人造結構，但圖像的色彩仍然非常有限。該背景是在熱帶，天空蔚藍，海洋藍綠，然而在這些看似有限的創作指導背後有著很大的色彩空間。一個很好的例證就是卡斯帕‧大衛‧弗裡德利希（Caspar David Friedrich）的油畫《冰的海洋》。現在，岩石結構的赭黃色和海洋的深藍色形成鮮明對照，不過我還需要添加其他多種顏色。然而，海島中心的大部分區域將被人造結構所覆蓋，所以花時間來塗抹細微的岩石紋理將是一種浪費。現在還不是使用精巧畫筆或者混合模式圖層的時候。

③ 搭建鷹架

我粗略地添加了更多結構寬大的部件並從 CGTexture.com 下載製作了水紋圖片，這是給海水添加強烈真實感紋理的便捷方式。藝術總監喜歡使用搖搖欲墜的鷹架來支持圖畫中建築結構的設想。我怎樣才能創造出一個由粗細各異的桿子搭建而成的錯綜複雜的結構，並使其與圖像的其他部分另人信服地融為一體呢？答案在於使用 Photoshop 的通道功能。在圖層選擇標籤上單擊圖層組並命名為中景支柱。在該圖層組中我又建立了一個新圖層，填充不透明度為 100% 的白色並隱藏，接著將該圖層組拖拽至全部圖層的上部。然後使用直線工具，改變其寬度後，並將顏色換成黑色，設置好後開始拖出一些線條，我想使它們能夠一端連接透視圖，另一端連接搖搖欲墜的支柱結構。畫完之後將白色背景圖層顯現出來（該圖層必須在整個圖層組的最底下）並單擊通道標籤。因為這是一張灰階圖像，所以可以拖選紅綠或藍通道到通道標籤底部的創建新通道，並將新創建的通道命名為中景支柱遮罩，接著將其選中，單擊圖像 > 調整 > 反相。現在我要隱藏中景支柱遮罩圖層組並創建名為中景支柱的新圖層，然後加載中景支柱遮罩通道並單擊添加圖層遮罩按鈕。在開始塗抹之前，要確保選中圖層──並非其相應遮罩。

當圖層遮罩準備到位，我便可以隨心所欲地在長長的鷹架支桿上或多或少地塗抹顏色以保證其色調的變化。某些區域可能要閃閃發光，而另一些可能要陰影濃重。為避免不必要的疊加，我建立了獨立的前景支柱遮罩圖層組，並重覆以上操作。

④ 變換色彩

有限的色彩開始讓人感覺不快，於是我添加了更多的微妙色彩，同時注意不使任何一種顏色支配整幅圖像的基調，並按我希望的那樣使模糊的水平色帶始終作為圖像的主題色。偶爾從帆布罩和建築物的頂部發出的絢麗多彩的反射光也增加了圖像的色彩。圖像底部鋪設的木板路將浩瀚無垠的水域一分為二，並將觀眾的目光吸引至圖畫的焦點處。

⑤ 拆分前景

現在我還不能確定建築物應該從哪個方向進入視野，因此我一邊仔細斟酌，一邊將注意力集中於前景部分的海域。現在的海域已經畫的相當不錯，但是將連片的水體分割為幾部分效果會更好。於是我便添加了一些巨大的蓮葉將一筆無垠的藍色水體拆開開來，這樣同時也為圖像增加了新的色彩並強化的整體景深。停泊在碼頭的快艇也有利於創造一種空間感。

⑦ 添加興趣點

最後，雲層需要給予大量必要的關注，同時之前被忽略的其他區域也得到了突出：前景中的著陸平台和一架停靠在主島著陸平台上的精巧別緻的越島作戰直升機。到此，創作基本接近尾聲。

⑧ 收官之筆

還需要給直升機多添加一些光點，所以我又在其垂直翼和引擎艙處添加了幾處高光。同時我還加強了暴露在陽光區域處的亮度，方法是進入選擇 > 色彩範圍並單擊高光。這樣便在 Photoshop 識別為高光的區域周圍選擇性地創造出一片陰影區。之後，進入新填充圖層或新調整圖層選擇色階。這樣可以增加或減少圖像的選中區域的發光度。我希望將這種高強亮度僅局限於島嶼、木板路和碼頭，因此利用畫筆工具覆蓋調整圖層遮罩中我想保持不變的區域。另外我在圖像的右側又添加了四分之一左右的畫面，使圖像更加開闊，這樣我便可以擁有更大的空間來增加圖像的規模和縱深感。

⑥ 創造畫作的獨特感

在最初草稿中我就已經暗示過很多的建築材料都是廢棄汽車零部件、廣告牌、貨物包裝箱以及任何能撿到的東西。這給了我一個向我心目中的英雄們表達敬意的機會，他們就是我兒時的科幻圖畫巨匠——也就是拉爾夫．麥克奎里（Ralph McQuarrie）、克里斯．福斯（Chris Foss）、羅恩．科布（Ron Cobb）以及安格斯．麥凱（Angus McKay）。他們創造的詭異而神奇的科幻環境和船隻設計經常會使用一些奇特標識來強化其畫作的超自然之感。

Photoshop

四期創作示範之（三）

設計遊戲中的敵人

現在該 Leading Light 公司的 馬特 · 奧爾索普 登場來進行遊戲創作了。
他將為第二期創作完成的外星群島設計添加可怕的異形昆蟲。

藝術家簡歷

馬特 · 奧爾索普
（Matt Allsopp）

國籍：英國

馬特的藝術家生涯始於 Alpha Star 電影公司、Lionhead 工作室，現在擔任 Leading Light 設計公司的概念畫家。馬特的最大的願望是能從業於電影業與自己最鐘愛的包括詹姆斯·卡梅隆（James Cameron）和克里斯托弗·諾蘭（Christopher Nolan）在內的導演合作。
allsopp.cghub.com

光碟資料

你所需文件見光碟中的馬特·奧爾索普文件夾。

目前為止我們已經設計完成了遊戲的主角內特和他的飛機，以及遊戲展開的島嶼環境。我的任務是設計開發內特和村民們所要面對的怪物敵人。在遊戲設計之初，我們已經確定這些動物是由海洋中一夜之間從天而降的巨卵孵化而成。一旦孵化成功，這些動物將如同蛙卵一樣成蝌蚪狀，之後四肢慢慢形成並離開水體，對周圍人口密集的島嶼進行大肆破壞。

克里斯蒂安的直升機設計圖的構造看上去像一隻大黃蜂或蜻蜓，身體細長、長滿短腿。所以我本能地想要設計一個體積更大、身子更長、腿部纖細而修長的敵方怪物的形象。皮特早已為遊戲環境奠定了美學基礎，所以我很快就可以使這只腿部修長的動物融入其中。

我還要嘗試設計開發一種體積更小更精巧的使人聯想到那架直升機的昆蟲。但是此刻能吸引我精力的毫無疑問是那只形如竹節蟲的昆蟲。實質上，它是一隻機械的飛蟲，同時也是一隻天生凶殘無比的飛蟲，但它妙趣橫生。

馬特說："怪物設計得要像竹節蟲或蟑螂，這兩種看上去都很酷。"

設計項目：
Leviathan
綱要：遊戲中的敵人

一天清晨村民們醒來發現海水被一種看起來像是巨型蛙卵的東西所覆蓋。很快這些鋪天蓋地的卵開始孵化成體型龐大、面目猙獰、凶殘好鬥的昆蟲般怪物。設計師的任務是構想並定義這些怪物。海洋類甲殼動物和昆蟲的混合體將是很好的設計起點。定義該生物的關鍵詞：昆蟲、甲殼、醜陋、可怕、怪異、生翼，多足或多眼。

1 構思
這是我最初的昆蟲設計略圖，這只是我讀過創作綱要之後在兩分鐘內畫的塗鴉。我並不擔心這幅圖畫的質量，它只是將我頭腦中的構思呈現出來而已。這些草圖非常有趣，能夠使我嘗試各種不同的概念構想、外形設計及繪畫技法。

2 清晰的輪廓
接下來，我轉向數位畫布並繪製了一定的明暗度。我嘗試在畫布上創作一些漂亮的外形及清晰的昆蟲輪廓。這幅草圖要盡可能地接近我的最初設想，即參考竹節蟲和蟑螂的外形。

3 混合物種

這更大程度上呈現飛蟲的經典畫法，但稍加歪曲。因此它看起來更像蛛形綱飛蟲，前部肢甲很多，不大但類似蝦螯。它能夠從空中俯衝下來攫取獵物並向其體內注射毒素，或者植入溶解肌肉的病毒。

4 一隻更加粗壯的昆蟲

另一隻的設計以蜘蛛為基礎，頭部設計異乎尋常。這一草圖使我能夠看清一隻身材更短小粗壯的昆蟲能夠呈現甚麼效果。我想使它與昆蟲形直升機相互呼應，所以我更喜歡精巧而細長的設計。

5 設計怪物演變過程
我喜歡首張草圖，所以我打算快速創作一幅進化圖板以理清怪物從海洋到陸地的演變過程。觀看昆蟲蛻變過程的真實紀錄片令人著迷，並促使你產生一些荒誕奇妙的構思。這將為一隻不堪一擊的小昆蟲演變為一隻更成熟更致命的怪物提供了巨大靈感。

6 修正設計缺陷

注意看我的第一張設計圖：我認為我的設計相當中肯。但是設計圖中仍有幾處令人不滿，我將予以修正。對於初學者來說，不要使你的設計與電影中的異形女皇過於相像。我的確非常喜歡蛛形綱飛蟲的設計樣式——外形新鮮而粗陋。但我覺得長腿竹節蟲的形象更適合遊戲環境要求，所以我決定進一步發展對它的設計。

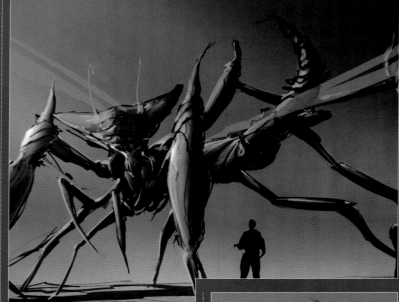

技法解密

翻轉圖像

水平翻轉畫布以檢查透視及構圖。這樣能快速展示透視是否向一邊傾斜。翻轉圖像使手腕活動一下以防動作遲緩也是個不錯的做法。

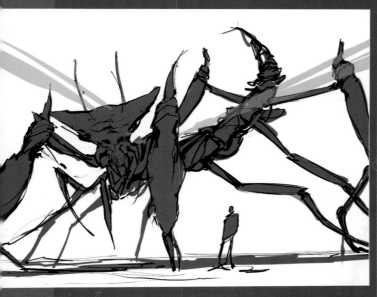

7 外形與功能

怪物的身體比例和結構活力十足、魅力無比。巨大前臂上強壯有力的肌肉使其呈現出了長頸鹿般的美感，而增加一系列不可思議的細腿則形成饒有興趣的鮮明對比。將最初設計圖改為灰度有助於限定設計意圖並凸顯怪物當前的輪廓、大小和特徵。我加高並誇張其後肢使它更顯威力無比和凶猛好鬥。這些肢體能使它看起來動作更靈敏，更快速，因而非常重要。為了創作一隻讓人更加信服的怪物，搞清它身體各部位的功能和用途十分重要。

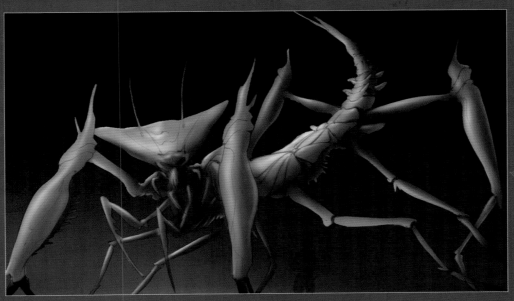

8 注入顏色

當你的概念真正成熟時，要給一張灰階圖層添加顏色。即便只是快速添加一個色彩通道，你也可以為怪物創建一個表現力很強的焦點。比如，起初我構思的怪物在色調上比較暗淡，極其凶猛好鬥，形似影子。然而，為了使它更富感染力，我開始構思身處設定的島嶼環境中昆蟲的形象。這只怪物有極強的偽裝性和致命的攻擊性似乎更加合理——於是我開始變換圖像顏色，使蟲子變得裝備精良，而且肉眼不易察覺。增加與其巢穴類似的地面色調和顏色選擇有利於下一步的設計確定顏色基礎。若沒有把握找到恰當的色調，你可參考照片並使用 Photoshop 的吸管工具提取你需要的精確顏色。

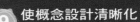

9 使概念設計清晰化

既然我的頭腦中已經有了怪物的清晰形象，現在該將我的概念繪製成具體而清晰的圖畫了。首先要在略圖上部仔細線描，為此要淡化草圖痕跡並在另一圖層上創作乾淨整潔、信心百倍而輪廓清晰的線描畫，之後借助昆蟲的參考圖片來確定它的骨骼和肌肉結構。我希望該怪物長相凶殘可怕，所以透過為其設計創造一些特質的東西我更加成功地刻畫了該動物的個性特徵。諸如從腫腫、讓人畏懼不敢觸碰的前肢上伸出的異常古怪但惟妙惟肖的蟹螯般的雙足，以及身體周圍易受攻擊的部位長出的形如鐵釘和長矛的針刺之類的東西，都或多或少地傳遞出非常適合遊戲故事情節的設計理念。

10 光與影的處理

我將背景設計為暗色作為昆蟲色彩的補充並使它從背景中凸顯出來。然後複製該圖層並使用發光筆來確定光源。在這張光圖層上我使用橡皮擦來展現暗色調並在必要之處創作陰影效果。這些高光和陰影的使用確保了怪物的立體感，而不只是一張平面圖。

技法解密

使用 Painter 創造紋理

無需疊加照片來創造紋理的一個極好辦法是使用 Painter 的預置紋理，但我常常發現自己製作效果最好。要製作紋理，請加載照片並遮蔽你想用作紋理的地方，然後選擇頁面標籤的下拉菜單中的頁面捕捉。這樣可以為你的頁面庫增加新紋理，然後使用與頁面相互所用的畫筆，你就可以添加預想的細節和精細的紋理了。

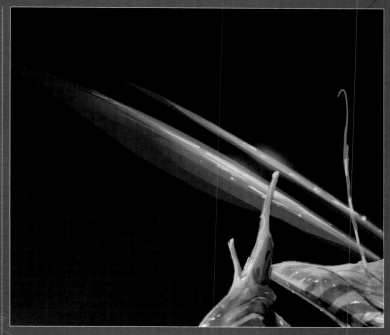

11 逼真的紋理

在看過真實的昆蟲外殼樣式和斑痕之後，我在此處使用粉筆畫筆添加一些昆蟲外殼的紋理。你可更進一步透過在 Photoshop 中建立自定義紋理來創作一個外殼受過磨損的有機體的樣子。我通常要掃描自己手繪的紋理——一種東西前一分鐘還在你的手上，然而接下來的一分鐘卻已經在進行數位化處理，真的很有意思。當這些紋理與我塗抹的外殼斑痕相結合之後效果相當完美，而且還不至於使昆蟲看起來過於單調乏味。

13 添加翅膀

翅膀象徵著昆蟲超越人類的一個巨大優勢。它也暗示著昆蟲可能成群結隊而來或者可能正在空中激戰。我參考了一些昆蟲的翅膀外形，發現很多可以進行改造以適合本設計要求。一旦滿意選中的翅膀外形，我就把它的透明度降低使其稍顯透光，然後對這些翅膀添加高光，畫的時候注意光的方向和光源位置。

14 添加收官之筆

最後該添加細節了。我首先添加了一些外殼斑痕，並在疊加圖層上為其頭部塗抹非常微弱的藍色和更深的棕黑色以便將觀眾目光吸引至焦點處。另外，我還為它添加了一些可使用精細毛筆繪製的漂亮體毛。最後的幾筆使怪物頓時活靈活現，並使它看起來更加真實而可信。

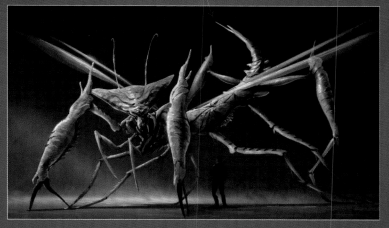

12 潤色設計圖

我再次使用粉筆畫筆在昆蟲甲殼狀的尾部關節之間添加一些高光和暗影。如果你確實很糾結高光和暗影的準確位置，那就試著觀察一下有這些美學特徵的類似動物，比如犰狳，在其自然的身體結構中就有可與此怪物相媲美的結構性功能。我還使用強高光和陰影進一步使怪物牢牢地站穩腳跟，並創造出一種負重感。

Painter & Photoshop

四期創作示範之（四）

設計遊戲的故事情節

馬特 · 奧爾索普　在利用已有的設計為遊戲創作關鍵幀插圖時凸顯了攝影技術的重要性。

藝術家簡歷

馬特 · 奧爾索普
（Matt Allsopp）

國籍：英國

馬特的藝術家生涯始於 Alpha Star 電影公司和 Lionhead 工作室，現在擔任 Leading Light 設計公司的概念畫家。Matt 最大的願望是能服務於電影業與自己最鐘愛的包括詹姆斯 · 卡梅隆和克里斯托弗 · 諾蘭在內的導演合作。
allsopp.cghub.com

光碟資料

你所需文件見光碟中的馬特 · 奧爾索普文件夾。

到將該設計項目的所有概念合併為一幅宏大的關鍵幀插圖的時候了。克里斯蒂安已經完成了遊戲主角及其飛行器的設計，皮特則創造了遊戲的熱帶自然環境，而我也已經對遊戲中的敵對生物的美學原則明白無誤。對於目前這幅圖像的創作，我將考慮其氛圍與基調。在電影拍攝的過程中盡可能地展示以上設計非常重要，但也不能做的過分——客戶永遠可以翻閱最初的設計圖稿瞭解更多細節。

就本故事而言，這種生物已經孵化並正在對周圍的島嶼大肆興妖作亂。島民已經大禍臨頭，現在該是他們唯一的希望馬特挺身而出拯救這個時代的時候了。故事情節已經成竹在胸，這時我們需要創作人蟲大戰的場景了。當我看到圖像如此誘人並使用了強烈的暗色時，想要使用熱帶自然環境明快色彩的意圖蕩然無存。取而代之，我決定拍攝一組黃昏時分的鏡頭。我想使昆蟲看起來凶猛無比不可戰勝、殘忍致命令人恐怖，與之相比，我們的主角則相形見絀渺小至極、形單影隻力量懸殊。我需要利用昆蟲許多蜘蛛般的腿和鋒利無比的螯來實現這一效果。

為此，我首先繪製幾幅簡圖。我已將之前所有的設計參考置於螢幕之上，我只需將所有這些成分組裝進簡圖即可。我不希望在一張

圖像中塞入太多的視覺信息，所有我要將注意力集中於主角和怪物，這兩者之間的交鋒是整幅圖像的主要焦點。為避免使圖像的清晰度發生混亂，我打算將眾多島嶼置於朦朧的背景中。那麼，既然我對圖像的安排已經瞭然於心，那就開始揮筆作畫吧。

設計項目：

Leviathan

綱要：戰場

這幅遊戲插圖將匯集所有設計元素於一體，展示駕駛直升機與怪物們激戰的英雄主角。創作目標是要突出概念設計的風格與感染力。一套製作精良的遊戲圖像可以為你講述遊戲的故事情節，吸引投資商，激發團隊的創作想像力，而且煽動公眾的情緒。

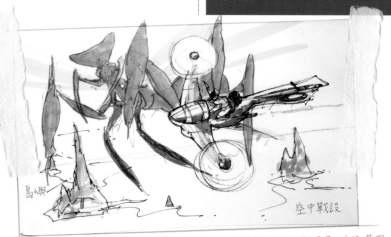

島嶼　　　空中戰設

我繪製的第一個實切模型用於顯而易見但卻非常新穎的空戰場景。這張草圖只耗時五分鐘但卻非常清晰地呈現了接下來要創作的東西的輪廓。我覺得這張畫效果不錯，但在我決定繼續創作之前，一系列的靈感又閃現在我頭腦中。

① 著手創作

我又迅速勾勒了幾張馬特駕駛直升機緊急著陸的草圖，給怪物創作一個更加盛氣凌人的姿態表達強烈的故事性。我在處理草圖左上部的同時將變換機位使觀眾的目光始終位於戰場的中心。草圖是無價之寶，它們能使你自由體驗各種不同的概念和技法。

② 挑釁性的站姿

我將選中的草圖進行掃描並進一步加工。必須重新調整昆蟲所有細腿的位置以創造更富挑釁性的站姿，同時還要保持真實感不變。儘管處理相互衝突的物體造型是個繪畫難題，但這些細腿絕不能影響直升機的輪廓。最後添加一些翅膀來填補空間，同時也使怪物顯得體型更加碩大，姿態更加強勢。

③ 選擇時間段

我無法確定給這樣的場景配置怎樣的時間段：中午抑或黃昏？打開一個場景模板，我快速地嘗試各種顏色。左下角的圖像毫無疑問是效果最好的一張，它使得前景輪廓清晰可見，同時也使昆蟲和主角身上的一些細節凸顯出來。薄霧蒙蒙的天空也有利於塑造令人恐怖的氣氛。或許這樣將失去一些背景島嶼的細節，但我覺得可以接受——這個鏡頭看來更像是攝影術的傑作而非出於設計。

④ 清除草圖痕跡，準備繪畫

在準備進行最終版本的圖像創作時，我始終打開著所選灰度草圖和色板。它們能為我的創作提供必要指導並確保我不至於偏離對圖像的構思。儘管對昆蟲腿部的安排與最初設計有所不同，但它卻看起來愈加凶悍強勢，活力十足。現在的昆蟲已經居高臨下，對我們的主角虎視眈眈，使他處於極易受到攻擊的境地。

在我開始噴塗之前，首先需要一幅線描畫。這樣，我就有機會擦除那些在創作過程中不小心留下的斑點。在最初的灰度草圖上我鋪設了一個白色跟蹤圖層，重畫那只昆蟲。由於對怪物設計的概念早已信手拈來，所以它龐大臃腫的前肢，以及那些突出身體的長螯……等等一切，我都能描繪得準確無誤。主角和他的直升機的參考資料也都非常齊備。最後，我將地平線稍加傾斜並繪出了直升機墜落時的一些刮痕，給整幅畫添加了活力和動力，同時也為故事的發展奠定了基礎。　▶▶

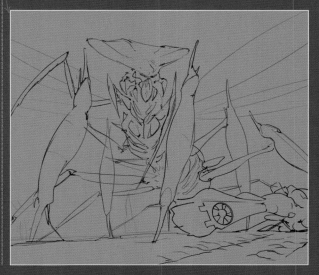

⑤ 確定故事情節

在著色的同時增加明暗度和色調把整幅圖像統一起來。馬特是第一個要被看到的元素，對於插圖的故事構成而言非常重要，因為他現在是整幅圖片的主要焦點，而圖片的觀看者也有如身臨其境。我們的主角將自己駕駛的飛機迫降到了與之戰鬥的巨型昆蟲腳下，這也是我們所知道的他著陸的全部原因。可能我們還需要在背景中增加某種空戰場面來強化整幅圖畫的故事情節。為此我將圖像分為三個圖層：怪物、前景飛行器和背景。我開始接著使用選中的色板顏色塗抹背景，利用噴筆進行分級，再利用發光工具繪出太陽。與之前的顏色測試相比，現在我使圖像色彩稍顯柔和。

⑦ 繪製怪物紋理

怪物是圖像中最顯著的角色，所以想先對它進行處理。我使用粉筆畫筆為它塗抹細節和光照。我對最初概念中的怪物甲殼的細節處理並不十分滿意，所以我打算對其塗層和紋理進行優化處理。另外，在前景中我還加入了海灘以幫助定位飛機的迫降地點。

⑧ 發現一個問題

回頭重新查看最初的明暗度佈局，我發現有個東西影響了整體構圖，而找出問題的所在並非難事。那就是，地面的亮度太大，且顏色的飽和度太高。在疊加層上對天空迅速使用藍／灰色調就是解決問題的秘訣。

⑥ 添加背景

現在準備背離之前的色彩測試了。我透過擴大太陽的光照範圍將圖像變得稍微柔和一些，並對此表示滿意，於是我想看看它的效果如何。為此，我又添加了一些遠處的島嶼，而且只用雙色調的明暗對比使其產生若隱若現的感覺，這樣也使這些島嶼與背景完美契合併且不至於干擾前景中的戰鬥場面。為增加圖像的基調，使天空減少噴筆痕跡，接下來我又繪製了一些煙霧，這也是當兩個物體在同一空間發生衝突時撤銷細節的極好方法。

我發現 Painter 的粉筆畫筆功能最適於此項工作。到目前為止，我對圖像中各元素的簡潔明晰非常滿意，但是很快我還要為其加入細部特徵。

⑨ 描繪昆蟲翅膀

到目前，昆蟲的翅膀與它們的背景相比亮度過大，不過我想如果將其亮度變暗，它們和背景之間會更加協調。於是我降低其透明度使它們看似透光並添加紋理。同時我還從照片中剪切一隻昆蟲翅膀並放置於每片翅膀上面。將圖層屬性設為差值以消除照片中的白色。一旦令人滿意，我就降低不透明度使紋理變得隱約可見，然後利用粉筆刷塗抹高光、細節和紋理。

10 為迫降直升機添加細節

目前仍需修飾的部分是墜地的飛機。我想保持它最初設計時的輪廓不變，但打算為它添加一些細節的東西使其看起來更近。我在光線能夠照射到的飛機表面利用粉筆畫筆塗抹了一些淡灰色。尾燈也可以再多添加一些光亮以幫助直升機更加凸顯。這時最好添加一點人造光而不要全部使用自然光，但不能過多。最後，我嘗試將馬特的頭巾和上衣的邊緣顏色改為藍色。它們原本是紅色的，但這裡發生了顏色衝突。

11 收官之筆

創作到此基本宣告結束，但細節處理和顏色調整會使圖像的效果完全不同。再次利用粉筆畫筆，我給圖像添加了一些沙痕，給飛機添加一些閃光和修飾，還為昆蟲的腿部和臉部添加了一些斑痕和高光。這些修繕不會花費太多時間，但它們的確可以使圖像變得栩栩如生、更加真實可信。最後，我稍微調整一下色彩。我更喜歡最初那張顏色測試圖畫上留下的天空，藍得像清晨的感覺，而且我還改變了對於紅色的構想。於是我便使用 Photoshop 的照片濾鏡和色彩調整工具將已經完成的色彩重新拉回到最初的設計。

藝術家問 & 答

有問題要咨詢我們的專家嗎？請致函 HELP@IMAGINEFX.COM。
我們將幫你解答繪畫創作過程中所遇到的各種難題。

The 全球頂級數碼繪畫藝術
FANTASY & SCI-FI DIGITAL ART
ImagineFX
創作專家團隊 panel

雷姆科 · 特羅斯特
生於阿姆斯特丹的雷姆科有著多年的從業經驗，是一位高級概念畫家兼插圖畫家，目前任職於 Ubishoft 公司。
www.rembotroost.com

菲利普 · 斯特勞布
菲利普是一位從業 17 年經驗非常豐富的資深藝術總監。目前任職於 Warner Brothers 公司的遊戲部。
www.philipstraub.com

喬納森 · 斯坦丁
喬納森是一位來自英國的畫家兼插圖畫家。目前他在加拿大多倫多附近工作，就職於一家電玩遊戲開發公司。
www.jonathanstanding.com

蓋瑞 · 湯奇
蓋瑞是一位任職於 Ocean 到 Capcom 等多家遊戲公司的概念藝術總監，是暢銷書《Bold Visions: A Digital Painting Bible》的作者。
www.visionafar.com

達里爾 · 曼德雷克
達里爾是一位在遊戲業和電影業均擁有豐富經驗的概念畫家，曾供職於 EA、Lucasfilm 以 及 Propganda Games 等公司。
www.mandrykart.com

丹尼爾 · 多丘
出生於特蘭西瓦尼亞的丹尼爾是一位遊戲藝術總監兼概念畫家。他目前定居美國，從事於《激戰 2》的遊戲開發。
www.arena.com

阿利 · 費爾
阿利是一位就職於 Eurocom Software 的英國概念畫家。他曾經創作過一些非常優秀的封面畫，其中一幅被 ImagineFX 所用。
www.darkrising.co.uk

安迪 · 帕克
安迪是任職於 Sony 公司的概念畫家。他曾設計過的遊戲包括《龍與地下城：龍晶》以及適於 PlayStation 2 平台的《戰神 2》。
www.andyparkart.com

造型設計——飛行器的功能，必須和圖片的整體基調相契合，而且兩者可以同時進行創作

問：

科幻遊戲飛行器的典型設計過程是怎樣的？

答：

菲利普 · 斯特勞布（Philip Straub）

我要說，科幻遊戲的飛行器設計很可能不存在代表性的方法，因為我曾經見過許多種不同的設計途徑。通常我喜歡用雙管齊下的方式來完成設計任務：在考慮造型設計、車輛外形及其功能時，既關注整體基調又關注飛行器形態。在很多情況下，等距圖（通常是前視圖、側視圖及後視圖）的創作和整體基調的構思可以同時進行。

為了使問題簡化，我將集中說明圖像基調，因為我想快速創造出概念圖再現多數概念畫家在創作時的工作流程，所以我將採用快速塗抹技巧。其目標是能夠創造出盡快與環境融為一體的連貫設計。

同時，我開始透過"全方位"考慮飛船的造型來研究其設計圖。"全方位"是造型設計術語，用以表示對物體立體性的思考，但這個術語也是適用於科幻圖畫的創作。我喜歡設想自己圍繞打算描繪的物體走動，仿佛我自己身臨其境從各個角度來觀察設計的全貌。這種技巧你運用的越多，你的畫作的景深就會越好。

設計步驟：
從簡單外形到裝備全面飛船

1 我的設計通常從非常簡單的外形開始，這時我只是嘗試獲得飛船的全貌及整體設計方案而不涉及任何細節。利用大畫筆並使圖像保持很小的尺寸，我開始粗略地填充基本的圖像背景和色彩。

2 船全貌即將完美完成時，我決定繼續將其設計為一個擁有類似飛鳥或其他有翅動物那樣的輪廓的有機體。當整體設計已經相當完美，就該進一步設計飛船的細節了。

3 讓我們再來設計一些有趣的事物。在這幅圖像中我將一些從別處提取的機器部件、噴氣孔和其他設計用於飛船的船體。為了提升圖像的動感和規模，我還對噴氣孔進行了改善。

問：
你們對於意境畫的創作有甚麼建議呢？

使畫布保持低解析度可以幫助你避免在細節上浪費過多的時間，從而使你能夠全神貫注地創作圖像意境。在此，我使用了設置為紋理和鋼筆壓力的立方體自定義畫筆。

答：
雷姆科‧特羅斯特 (Remko Troost)

意境畫的創作非常有趣，同時也是激發關於氛圍的創作靈感的最佳途徑。意境畫也是獲得給某一特定區域以易於識別特徵的色彩方案的有效方法。

在意境畫中你還可以在一個場景中創造出多種情感。比如，在令人生畏的峽谷場景中你可使用昏暗的不飽和色和極少的光線。又比如，你還可以使用相反的色彩——另人愉悦的明亮色彩及夏天般充足的光線。

我的設計首先要透過相機或者網絡搜集盡可能多能啟發人的分類照片和參考圖片。有了這些圖片，我接下來就創建一個集中表現我正在尋找的繪畫氛圍的資料庫或者情緒收集板。然後，經常是邊聽優美的電影音樂邊斜著眼審視這些被縮小的圖片。這能使我真切地感受到自己看到的東西。

這恰恰也是我的意境畫創作方法——開著音樂，展開低解析畫布，還有一些參考圖片放在身旁。我努力不把外形和細節放在心上，而是快速繪製自己感受到的東西，而不是看到的東西。

同時我也嘗試脫離顏色選擇器的控制，這有助於使我自由地選擇顏色，從而對它們有更深刻的理解。我設計幾種意境（每種意境大概花費 10-45 分鐘）來判斷自己正在嘗試的氛圍是否可行，然後由此繼續創作。

藝術家問&答

問：

怎樣快速設計用於軍用裝甲車的貼紙？

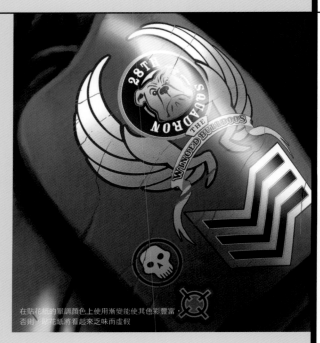

在貼花紙的單調顏色上使用漸變能使其色彩豐富，
否則，貼花紙將看起來乏味而虛假

答：

喬納森‧斯坦丁（Jonathan Standing）

首先，整理一些參考素材激發一下自己的靈感。你打算描繪甚麼樣的軍事裝備呢？是呈現豐富的歷史壯觀場面呢？還是本質上要呈現原始文化或者部落文化呢？刊物和網絡上有不計其數的圖片可以作為很好的例子激發你的靈感。

對於我的設計而言，首先我在 Illustrator 上製作向量設計元素，翅膀、鬥牛犬、手印、旗子及骷髏就是我單獨創作的一些圖形元素。然後，參照書中看到的圖形，我將不同的圖片結合起來製作騰飛鬥牛犬標識，之後，我將向量設計圖導入 Photoshop 並進行變形修整以基本符合車輛甲板的彎曲度。為使它看起來不那麼乾淨整潔，我又在該設計之上添加髒兮兮的、斑斑點點的疊加紋理，之後將裝甲車上的片片磨痕也反映到我的設計中。成功地將向量圖合併入圖畫是非常棘手的，因此最好是在它上面啟用濾鏡將其稍微塗髒一些。

最後，我添加高光用以照射裝甲車的金屬部分和標識，這樣可以幫助將兩者更好地融為一體。

使標識設計適合你對故事的想像非常重要，這個標識設計最初的
步驟和剛才的設計完全相同，但設計結果卻大相徑庭

問：

如何創作裝備相同但面貌迥異的
模塊化人物造型？

答：

喬納森‧斯坦丁
（Jonathan Standing）

這兒要考慮的最重要的元素是人物的輪廓，這是玩家首先要看到的東西。很多遊戲太過注意其他的視覺元素，比如紋理和色彩，結果它們的人物設計千篇一律。

完成最初的草圖之後，通常情況下最好是弄清遊戲引擎支持模塊化人物的具體參數。還有，考慮人物的組裝方式也很有用處。

假設遊戲引擎是非常基礎的那種，我就將我的人物拆分成能夠組裝起來的部件。為使工作簡化，我考慮處理他的四肢而不是軀幹，因為這些對其整體輪廓影響較小。

通常我以兩個不同的人物造型為基礎來創作這些遊戲人物的粗略圖。他們的身體比例一致，這就意味著可以共用相同的武器裝備和動畫製作設備

問：

我似乎總是無法將我的構思在紙上予以恰當呈現。對於概念設計我應該從何處入手？

答：

雷姆科‧特羅斯特
（Remko Troost）

一個概念經常是在你著手創作之前很久就開始醞釀了。這個概念背後要有一個故事，這一點很重要，所以要絞盡腦汁構想概念在故事中的作用。它是用來幹甚麼的？應該用在何處？理解你的主題在開始創作時會有很大幫助。通常我在搜集參考圖片之前自己繪製幾張簡圖，目的是避免被它們干擾。如果我需要現實世界的例子來使設計更加逼真可信，我會搜索文件以獲得適合我的創作方向的東西。

在此，我已經醞釀了一個設計未來主義的雙座噴氣式戰鬥機的概念。為了獲得外表看起來技術先進的飛機造型，我使用直線套索工具來創作幾張小型的黑色輪廓。一旦發現可接受的造型，我喜歡集中精力對一兩個進行深入處理，之後，我會重新選擇幾張簡圖並為其添加細節。有時，我只是處理一下我的草圖，把它們翻轉一下，做個鏡像或者利用不同的圖層模式將它們相互疊加一下，這樣做可以幫你產生更多的想法或創作靈感。

問：

概念畫家一說對我來說耳熟能詳，可是概念畫家
究竟是幹甚麼的呢？

答：

蓋瑞・湯奇 (Gary Tonge)

概念畫家的工作就是構思新設計並為設計綱要或設計"問題"找出解決方案。

概念畫家團隊中有不同的分工，而且他們都來自不同的背景。作為概念藝術總監，我要和概念團隊同舟共濟、齊心協力，幫助他們從展現各部分是如何相互契合的插圖中獲得各種不同的意象與構思，從對於塑型團隊創作連貫的圖形和細節來說極其珍貴的色彩基調及更快的鉛筆素描畫中獲得靈感。當我自己進行創作時，我傾向於只注意色彩基調或主要圖像。

這些圖像對於遊戲畫面設計來說極其重要，因為它們將被用於把一個區域基本創作思想和物體造型結合起來共同構成一幅連貫的插圖，這幅插圖蘊含了那部分遊戲世界面貌本質。

由於它們如此重要，所以這些圖像的創作要比普通概念畫耗費更多的時間——事實上，我發現創作這些圖像要花費 10-20 個小時。

創作這些圖像，在重點突出光照、陰影和特殊效果（如地下物質分布及巨型物體效果）的同時，我嘗試將紋理感也包括其中。

我創作的幾張重要圖像，可與一組其他插圖和草圖共同置於藝術信息的"文件包"，隨後便可進入生產流程，該流程向團隊展示接

下來遊戲製作的方向。

概念畫家向美術設計師展示其工作方向

畫家秘訣

充滿感情

在創作概念畫時，要努力使你的圖像喚起目標遊戲經歷者應該擁有的那種感情，能引起強烈情感共鳴的圖像可以激發遊戲開發者以及玩家。如果一個遊戲區乾燥炎熱或者陰冷潮濕，都要將其表現出來，要透過智慧地使用色彩、光照、紋理以及最重要的，精巧構圖來抓住使一個遊戲世界獨一無二的本質特徵。

設計步驟：如何使概念更容易進行設計

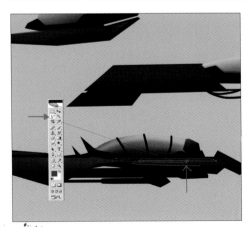

1 我首先使用套索工具快速繪製圖形。如果需要的話，在你的圖形內建立遮罩拖出一些透視也是很方便的。這是創造出能被合併成有趣造型的簡單圖形的便捷方式。

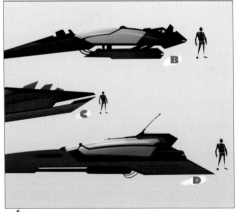

2 不要忘記為你的草圖標記字母或數字，否則很容易發生混淆或者忘記客戶或藝術總監可能要從中挑選幾張審查的事實。而且，我還會用數字標記圖像的大小。

3 現在我開始移動一下我的設計以增加獲得新靈感的機會。為此，我複製圖層、將背景放大一倍並旋轉 180 度然後把它放入正片疊底模式。創作的樂趣在於不斷地追逐意想不到的快樂。

問：

我聽說美術設計師的工作速度需要很快——我如何能提高自己的繪畫速度？

答：

達里爾・曼德雷克

（Daryl Mandryk）

美術設計環境下工作的畫家必須在非常緊張的日程安排中大量創作高品質的畫作，這是事實。有時候新入行的畫家難以適應這種工作節奏。儘管我並不建議大家草率行事，但的確有些做法可以使你的生活更加輕鬆並增加你在此過程中的創作速度。

甚至在你啟動軟體之前，你就應該確保自己對要創作的作品瞭然於心。然後，在小紙片上迅速繪製幾幅草圖，明確一些粗略的構想，為你自己提供一個可以依據的路線圖。除非你有好幾周的時間可以用來重覆描摹一幅圖畫，否則在整個創作過程中至少要提前制定某種計劃。我建議的另一個常規做法是要使工作區的配置滿足你的個人需要。花點時間為你經常使用的操作設置電腦熱鍵和動作。我自己設置的熱鍵和動作用於建立圖層、翻轉畫布、啟動濾鏡——基本上都是我知道要在創作中經常用到的功能。這聽起來似乎無足輕重，但是它可以為你節約大量時間。

在繪畫過程中，將注意力集中於大的構型以及整體設計，無需擔心細節問題。開始創作時首先明確圖像的構圖和整體明暗度更重要。

最後，行動起來！你對所使用的工具越熟悉，對它們的運用就越自如。嘗試給自己安排一個每天都進行一點繪畫訓練的日程表。

繪畫時不要陷入小細節的泥沼而不能自拔。集中精力處理大的構型和整體設計會使你的工作速度更快

設計步驟：成為一個創作速度更快的畫家的四種簡單方式

1 設置工作區。Alt/ 選擇 +Shift+Ctrl/ Cmd+K 組合鍵可以啟動 Photoshop 中鍵盤指定選項。要牢記幾個非常重要的，並嘗試對你的工作流程有利的方式對其進行自定義設置。翻閱菜單的時間越短，你集中精力創作的時間越長。

2 Alt/ 選擇 +F9 組合鍵可以開啟動作面板。動作面板可以用於簡化重復性工作，同時對於涉及多個步驟的任何操作來說都是非常便捷的。它可以記錄操作步驟，然後一鍵返回。你甚至可以保存你的動作設置並將其輸入另一台電腦，你還可以用同樣的方式自定義畫筆。

3 嘗試從廣義的角度來考慮你的繪畫：有時將畫面縮小並當作簡單的草圖加以觀察很有幫助。訓練自己不要拘泥於對整體圖像效果無益的不必要細節——這完全是浪費時間。如果你更加靠近我的圖畫，你會發現我的多數細節都是粗略的和暗示性的。

4 提高對繪圖工具的認識毫無疑問能幫助你創作得更快，但不一定能創作得更好。務必要研究生活、學習解剖著作和影視作品——基本上是任何幫你豐富頭腦中的視覺庫的東西都要研究。這是我創作的一張取自魯塞利・克羅（Rusell Crowe）的電影《角鬥士》的動作鏡頭的素描畫。像這樣的快速勾勒能教會你保持畫面元素的隨意與流暢。

問：

將概念設計轉變成 3D 遊戲動畫對創作團隊有甚麼期望呢？

答：

丹尼爾‧多丘（Daniel Dociu）

我的概念設計經常為 3D 畫家留下很大的創作空間。我鼓勵他們對我已經確定的主題進行發揮，並為其添加我沒有設想到的景深圖層。

當然，他們的發揮要基於全面理解我在遊戲的功能和風格方面的設計要求之上。這是一條充滿危險的創作之路，因為不同的建模師會創造出完全不同的結果。正因如此，一個經驗豐富、對遊戲了如指掌而且直覺非常敏感的畫家能夠將一個半成品的設計進行下去，而缺乏這方面經驗的人看不到它的潛力所在，因而可能將整個設計毀於一旦。

上面這幅概念畫是遊戲設計的基礎，儘管它的細節已經被粗略地調整過

問：

因為電玩遊戲是數位媒體，那麼電玩遊戲的概念畫是否也必須是數位化的呢？

答：

阿利‧費爾（Aly Fell）

儘管電玩遊戲是數位媒體，但是概念畫正如其名稱所言，只是表現概念的一幅畫——而且，如同素描畫一樣，它並不存在於遊戲之中。因此，儘管客戶或者團隊有自己鐘愛的特殊創作形式，但一般情況下，概念畫可以透過藝術家所喜歡的任何媒體形式創作出來，所以按要求完成遊戲製作才是最基本的。

然而，現在的藝術作品如果從起初就能被數位化呈現那是再好不過的了，這樣就可以使設計圖很容易地在各部門之間相互交換。如果需要的話，硬碟拷貝也可以以後列印。很多畫家依舊按傳統方式進行創作，用鉛筆勾勒草圖，然後掃描進電腦進行數位化處理。

最終，數位媒體所創造出的畫對畫家來說具有更大的取捨自由。就個人而言，我的創作過程變化多樣，有時我在燈箱上繪製草圖，並將圖像掃描，但我更經常的做法是快速創作一張一旦完成就能輕鬆發送電子郵件的草圖。為此我使用 Photoshop 和繪圖板或者 SketchBook 進行創作，因它們都有內建的發送郵件功能。

利用 Photoshop 為一次概念畫挑戰賽創作的人物佩特拉‧赫本（Petra Hepburn）就是典型的傳統式的臉孔

問：

創作環境空間概念時技術規範有多大的重要性？

答：

光照在遊戲畫面中的作用十分重要，很多遊戲的氛圍都要依賴於對光照模式的成功編碼

蓋瑞‧湯奇（Gary Tonge）

我從事遊戲製作的經歷帶給我很多經驗，其中最早的一個就是至少要在技術繪畫層面上理解創作技術。在為遊戲環境創作概念插畫時的一些最重要因素包括對目標平台的理解（遊戲控制台／PC）、玩家在遊戲世界中可能發生的相互影響、遊戲玩法"房地產"（區域面積）以及如何寫代碼（或者，很多情況下，代碼已經寫好）以便從視覺的角度呈現遊戲世界。

概念設計的最後部分可能包括數量眾多的規則，它們支配你對遊戲環境呈現方式的取捨。其中光照系統是很大的一個因素——很多遊戲的畫面透過對"光照模式"代碼的完美編寫來實現非常逼真的效果。

在遊戲製作前的先期概念畫的創作中，利用技術編寫代碼以呈現某種視覺效果非常重要。幾年前，創作特色鮮明的遊戲世界的自由由於遊戲平台的缺乏而受到很大的限制。但是，最近下一代遊戲控制台的操作規範的巨大進步大大擴展了有趣地使用圖形、素材和光照手法的範圍。

在很多情況下，盡早向編碼部門提供這些繪畫理念和設計要求非常重要。相應地，他們也可以編寫代碼以適應新的視覺偏差。當涉及到對新的概念設計進行拓展時，溝通就極其重要了，只有如此，編碼部門和畫家才能相互理解以實現將奇思妙想變為生動的遊戲世界的目的。

最好的辦法是首先只集中精力解決諸如設計、外形、輪廓和明暗度等問題，當這些問題全部解決後，你就可以集中精力引入色彩了

問：

在概念設計或者繪畫創作時有沒有任何方法能夠幫助減輕對色彩方案的恐懼心理呢？

答：

安迪・帕克（Andy Park）

我相信我可以為你提供有幫助的解決方法。我首先推薦你在創作之初使用黑白兩色草繪設計圖，尤其是在進行概念畫創作時更應如此。

以這種方式進行設計是個很好的做法，因為試圖一次性同時解決設計中的全部挑戰性問題是非常不切實際的。將整個創作過程分為幾個階段會使該過程更具可操作性。

當然，很多時候，將色彩處理包含在設計的第一階段也是可以理解的，但我發現多數情況下黑白草圖或繪畫的確非常易於操作。

這樣做對於遊戲製作過程也是有益的，藝術總監或其他要批准你設計圖的人就可以只注意設計圖本身，這樣會使他們的工作更加輕鬆。因此，這樣做對任何人都大有神益。

完成對草圖的修整之後，啟動 Photoshop 在黑白圖之上建立新圖層，並將其混合模式設置為顏色。現在你就可以選取自己喜歡的顏色對圖層進行著色了。這樣黑白圖像將變成彩圖而不會覆蓋你在該處創作的任何細節。正因如此，你還可以在此嘗試你的顏色選擇以便確定恰當的色彩方案。如此一來，你的恐懼心理也就煙消雲散了。

顏色模式的圖層只是為著色過程奠定基礎。它的存在只為你提供一個繼續創作的堅實基礎，既然基礎已經牢固，你就可以繼續繪畫並潤色了。

擺弄一下各種圖層混合模式，如果使用恰當，它們將使你的畫作熠熠生輝

問：

當開始創作一幅新的概念畫時，你為自己確定甚麼樣的創作目標？

博恩犬是以生物設計為基礎而繪製的一個角色，正交視圖並不總是必須的，而是要依賴於塑造角色的技術水平。

答：

丹尼爾・多丘（Daniel Dociu）

決定創作方法的標準很多，在此我只想提及一二。要使你的概念畫既滿足設計要求又滿足自己的個人標準是不可能的，因此非常有必要確定優先滿足哪一項。

我創作的概念畫通常根據相當模糊隨意的標準分為三類，高級概念涉及產品的定位與風格和遊戲世界的性質。這樣的概念可以激發遊戲設計團隊和繪畫創作團隊的討論並帶給他們靈感。

觀看與感覺類的概念只注意具體遊戲環境。它們涉及人族在整個場景中的整體移動軌跡、技術水平和建築物複雜程度、色彩搭配以及光照效果。這個畫面上的焦點是，從這一特定時刻如何融入更宏大的遊戲歷程的角度來評價圖像。

產品設計要提交給 3D 塑像師以便將其轉變為遊戲中的裝備。此處，造型設計要保持微妙平衡，要提供充分但不冗余的信息量。

依據這樣的分類，我力爭找出最能滿足概念畫創作目的的視覺表達元素，並由此盡早做出創作判斷。我選擇這樣的透視效果：強迫的三點透視（以創造戲劇性場面為目的）到單調的四分之三側視（以創造完美人物造型為目的）；這樣的構圖效果：從動態的、緊張的、暗示衝突的到靜態的、靜謐的和客觀的；這樣的紋理效果：現實主義對應虛構假象，普通紋理對應素材限定性紋理，以及高光紋理對應支持性表層紋理；這樣的光照效果：從憂鬱陰沈的、惹人注目的和變幻莫測的光照效果到平和穩定的、不偏不倚的和客觀描繪的光照效果。

鐘錶的發條齒輪裝置就是一個用作視覺輔助手段宣傳遊戲概念的高級概念設計的例子

問：

在設計遊戲人物時有沒有可以遵巡的具體規則？

答：

阿利·費爾（Aly Fell）

首先，你要從客戶處獲得設計綱要，它規定了人物的基本特徵和遊戲中的角色、遊戲年代、人物個性以及你在設計人物的裝備和飾物時的自由度。

如果你只是設計一個出場一次的人物，那通常情況他應該是往前直行的視圖。為此請記住以下五個要點：

1. 確保整個人物都在視覺範圍內。如果綱要要求能從背面看到人物，那就有必要再創作一幅畫表現人物的後視效果。最終，為了使人物從各個側面均能看到，那就要求創作一幅"轉身"三視圖像或正交視圖。

2. 使光照效果簡單而透明。創作任何人物概念畫時優先考慮是為創作的下一階段呈現最大的信息量。

3. 研究細節。當快速的網絡搜索能驗證物體的精確度時，不要簡單地認為你對某個物體的形狀了如指掌。

4. 表達。向客戶咨詢人物的主要特徵並試圖在畫作中充分展示。

5. 人物姿勢。你可以繪製戰鬥姿勢，但首次設計最好是創作能夠呈現最大信息量的自然放鬆姿態。

確保你的人物全貌得到了充分的展示，不要試圖僅描繪腰部以上部分，因為細節決定成敗

設計步驟：創作充分展示細節的遊戲人物——從零做起

1 本設計是基於具體的設計綱要，綱要要求我創作的女性人物生活在沙漠中，是以未來為背景的野蠻人的形象。她要攜帶武器，身穿極其新潮的未來主義色彩的服裝。這是首張草圖。

2 在對首張草圖幾番修改之後，我的概念獲得客戶批准，然後我便開始粗略地塗抹基本顏色。這時，我尋找一些參考素材來創作衣服，並考慮是否需要添加背景。

3 這是添加了疊加紋理的最終設計圖，人物形象得到了凸顯，與最初以白色背景襯托相比更賞心悅目。或許客戶還會要求對該圖像進行進一步加工，如某些飾物的具體細節或者臉部的表情信息。

國家圖書館出版品預行編目(CIP)資料

電玩遊戲設計 / 英國IMAGINEFX編著；馮岩松翻譯. --
初版. -- 新北市：新一代圖書, 2015.11
　　面；　公分

譯自：How to draw and paint game art
ISBN 978-986-6142-64-2(平裝附光碟片)

1.電腦遊戲 2.電腦繪圖

312.8　　　　　　　　　　　104018855

FANTASY & SCI-FI DIGITAL ART
ImagineFX

全球數位繪畫名家技法叢書

電玩遊戲設計 HOW TO DRAW AND PAINT GAME ART

編　　著：英國 IMAGINEFX
譯　　者：馮岩松
校　　審：鄒宛芸
發 行 人：顏士傑
編輯顧問：林行健
資深顧問：陳寬祐
資深顧問：朱炳樹
出 版 者：新一代圖書有限公司
　　　　　新北市中和區中正路908號B1
　　　　　電話：(02)2226-3121
　　　　　傳真：(02)2226-3123
經 銷 商：北星文化事業有限公司
　　　　　新北市永和區中正路456號B1
　　　　　電話：(02)2922-9000
　　　　　傳真：(02)2922-9041
印　　刷：五洲彩色製版印刷股份有限公司
郵政劃撥：50078231新一代圖書有限公司
定　　價：440元

繁體版權合法取得，未經同意不得翻印
◎ 本書如有裝訂錯誤破損缺頁請寄回退換 ◎
ISBN：978-986-6142-64-2
2015年12月印行